Jeder Hund kann ...

Katrin Voigt

mutig werden

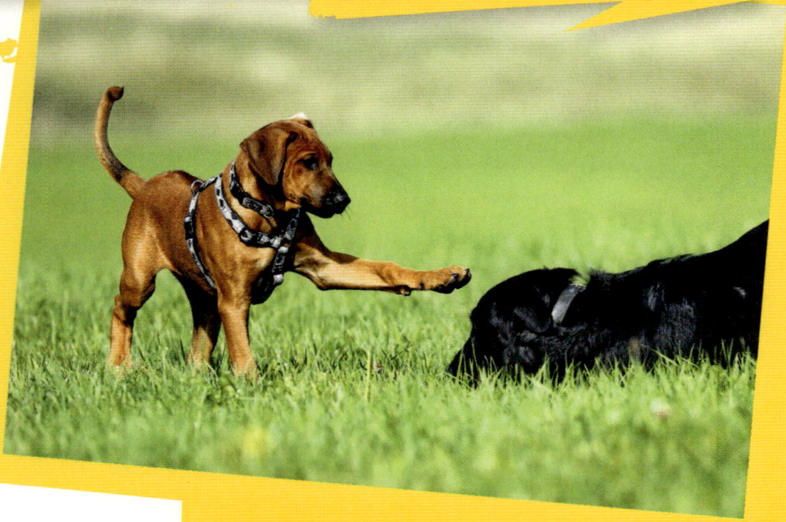

Mutmach-Übungen für ängstliche Hunde

INHALT

Ursache 1:
ANGST VOR GERÄUSCHEN

Ursache 2:
ANGST VOR UMWELTREIZEN

Ursache 3:
ANGST VOR FREMDEN MENSCHEN

ZU DIESEM RATGEBER

Welcher Hundehalter wünscht sich das nicht:
Einen Hund, der in jeder Lebenslage souverän bleibt.
Sie möchten das auch? Verständlich!

Leider sieht die Realität oft ganz anders aus. Bei Ihnen auch? Warum ist das so? Diese Frage ist nicht ganz einfach zu beantworten. Es gibt zahlreiche Ursachen für Angst bei Hunden. Hier einige Beispiele:

- Manche Hunde haben in ihren ersten Lebenswochen nur wenige Umweltreize kennengelernt.
- Andere Vierbeiner haben einen außerordentlichen Gehörsinn und reagieren empfindlich bei Geräuschen.
- Wieder andere haben Trennungsangst und möchten nicht allein zu Hause bleiben.

Die wichtigsten Ursachen für Ängste bei Hunden sind in diesem Ratgeber zusammengefasst. Sie finden hier Ideen und anschauliche Übungen für das Training, damit auch Ihr Hund problemlos seinen Alltag meistern kann. Einige nützliche Adressen, die Ihnen sicherlich weiterhelfen können, sind im Serviceteil genannt. Bei schwerwiegenden Problemen kann dieses Büchlein den Gang in eine Hundeschule aber nicht ersetzen.

Gerne können Sie dieses Buch vom Anfang bis zum Ende durchlesen. Für die eher praktisch Veranlagten, die sofort mit dem Üben loslegen möchten, bieten wir mit der Checkliste ab Seite 6 die Möglichkeit, direkt mit dem Training zu starten. Also einfach ausfüllen, in die Auswertung schauen und auf die genannte Seitenzahl blättern. Schon können Sie loslegen.

TIPP

Nützliche Tipps und Zusatzinformationen finden Sie in den farbig unterlegten Kästen.

Viele Hunde haben Angst –
Angst ist erst einmal ein
Normalverhalten.

ANGST KANN VIELE URSACHEN HABEN

Viele Ursachen können dafür verantwortlich sein, dass Ihr Hund in bestimmten Situationen Angst hat. Damit Sie gleich mit dem Training starten können, sollten Sie wissen, warum es bei Ihrem Vierbeiner zu Problemen kommt.

Die aus meiner Sicht am häufigsten vorkommenden Angstprobleme habe ich in diesem Ratgeber zusammengefasst:

- Ihr Hund hat Angst vor Geräuschen.
- Er zeigt unerwünschtes Verhalten bei bestimmten Umweltreizen.
- Ihr Hund fürchtet sich vor fremden Menschen.
- Manche Vierbeiner ängstigen sich vor Artgenossen.
- Ihr vierbeiniger Liebling leidet unter Trennungsangst.

Die folgende Checkliste soll Ihnen helfen herauszufinden, um welches Problem es sich bei Ihrem Vierbeiner handelt und welche Übungen für Sie und ihn sinnvoll sind.
Natürlich können die unten aufgeführten Stichpunkte nur die häufigsten Probleme benennen. Vielleicht zeigt Ihr Hund Verhaltensweisen, die Sie hier nicht finden. Zögern Sie in diesem Fall nicht, sondern wenden Sie sich an einen Profi.

INFO

In schwierigen Fällen kann dieses Buch allerdings nicht den Gang zu einem Fachmann ersetzen. Tipps, an wen Sie sich in solchen Fällen wenden können, gebe ich Ihnen im Serviceteil dieses Buches.

Manche Verhaltensweisen könnten dagegen zu zwei oder mehr Ursachenkomplexen passen: Hundeverhalten ist nicht immer eindeutig. Ein Beispiel aus der Praxis: Ihr Hund hat Angst, alleine zu Hause zu bleiben, aber auch vor Gewitter. Beide Verhaltensweisen habe ich zunächst einmal verschiedenen Themengebieten zugewiesen. Arbeiten Sie am besten erst das Kapitel zu dem Thema durch, zu welchem Sie in der folgenden Checkliste die meisten positiven Antworten haben. Reichen die beschriebenen Übungen nicht aus, lesen Sie auch das Kapitel zu dem anderen Themenbereich.
Bedenken Sie in jedem Fall: Hundetraining macht Spaß – auch dann, wenn der Anlass nicht immer erfreulich ist. Das Ergebnis sollte Ihnen auf jeden Fall die Mühe wert sein!

Die Aufzuchtbedingungen stellen eine wichtige Voraussetzung für die spätere Entwicklung dar.

CHECKLISTE

Die Antworten auf die Fragen in der Checkliste lassen Rückschlüsse darauf zu, auf welche Reize Ihr Hund mit Angst reagiert. So hilft die Checkliste Ihnen dabei, das richtige Training zu ermitteln.

So geht es: Beantworten Sie bitte die folgenden Fragen und notieren Sie sich bei jeder Frage, die Sie positiv beantworten, den angegebenen Buchstaben. Zählen Sie dann zusammen, wie oft Sie a, b, c, d und e aufgeschrieben haben. Die Auswertung finden Sie auf Seite 8.

1 *Ihr Vierbeiner reagiert auf einige Geräusche innerhalb des Haushalts: das Telefon, Kindergeschrei oder vielleicht die Dunstabzugshaube?*
Ja: a

2 *Ihr Welpe oder junger Hund reagierte von Anfang an zögerlich oder skeptisch auf fremde Personen?*
Ja: c

3 *Ihr Vierbeiner hat Angst vor dem Weihnachtsbaum, vor bestimmten Müllcontainern oder anderen Objekten, die normalerweise nicht an dieser Stelle stehen?*
Ja: b

4 *Ihr Hund jammert, wenn Sie das Haus verlassen, obwohl andere Familienmitglieder zu Hause sind?*
Ja: e

5 *Ihr kleiner Hund fürchtet sich vor Artgenossen?*
Ja: d

6 *Während eines Gewitters war Ihr Vierbeiner alleine zu Hause und seit dieser Zeit kann er nicht mehr alleine bleiben?*
Ja: e

7 *An sich findet Ihr Hund Menschen in Ordnung, aber der einzelne Mensch auf dem Feldweg oder an der Bushaltestelle ängstigt ihn?*
Ja: c

8 *Beim Freilauf in der Hundeschule will er nie mitspielen und versteckt sich hinter Ihnen?*
Ja: d

9 *Gewisse Örtlichkeiten wie der Tierarzttisch oder das Auto machen Ihrem Vierbeiner Angst?*
Ja: b

10 Vor allem laute Motorenge-
räusche bringen Ihren Hund
aus dem Konzept und er will
gar nicht mehr an der Straße
entlang gehen?
Ja: a

11 Nach einem aufregenden Tag
oder wenn Ihr Hund sich während des Spaziergangs mal
aufgeregt hat, reagiert er viel
schneller auf äußere Reize?
Ja: c

12 Ihr Hund zerkratzt oder zer-
nagt in Ihrer Abwesenheit die
Haustür oder Fenster?
Ja: e

13 Als junger Hund war Ihr
Vierbeiner schüchtern im Um-
gang mit Artgenossen. Aber
besonders an der Leine hat er
nach und nach ein Aggressionsverhalten entwickelt?
Ja: d

14 Ihnen ist mal der Schlüssel
heruntergefallen und seitdem
nähert sich Ihr Hund diesem
nicht mehr?
Ja: b

15 Bei Gewitter, Schüssen und
Feuerwerk verzieht er sich in
die letzte Ecke?
Ja: a

16 Es macht Ihnen Schwierigkei-
ten, an einer Baustelle vor-
beizukommen, obwohl keine
Krach machenden Maschinen
angeschaltet sind?
Ja: b

17 Findet Ihr Hund Besuch
gruselig und möchte sich am
liebsten in Luft auflösen?
Ja: c

18 Auch manche Geräusche im
Radio lösen bei Ihrem Vierbei-
ner Angst aus?
Ja: a

19 Wenn Sie wieder kommen,
hat er sein Geschäft in der
Wohnung gemacht, obwohl
er sonst stubenrein ist?
Ja: e

20 Vor allem der einzelne Hund,
der weit entfernt im Feld
steht, bereitet Ihrem Vierbeiner Probleme?
Ja: d

Haben Sie zusammengezählt, wie oft Sie die einzelnen Buchstaben für jede positive Antwort notiert haben? Der Buchstabe, den Sie am häufigsten vermerkt haben, gibt Aufschluss über die Reize, die bei Ihrem Hund Angst auslösen. Lesen Sie in dem angegebenen Kapitel nach, was Sie und Ihr Vierbeiner tun können, damit Ihr Hund weniger Angst haben muss.

Die meisten Zustimmungen bei a

Ihr Hund leidet unter Geräuschangst. Übungen, um ihm zu helfen, finden Sie ab Seite 10.

Die meisten Zustimmungen bei b

Sie haben einen Hund, der sich vor bestimmten Objekten gruselt. Möchten Sie mehr über dieses Thema erfahren, lesen Sie weiter ab Seite 20.

Die meisten Zustimmungen bei c

Ihr Hund fürchtet sich vor Menschen. Welche Übungen Ihnen und Ihrem Hund helfen können, erfahren Sie ab Seite 30.

Die meisten Zustimmungen bei d

Artgenossen sind für Ihren Vierbeiner Furcht einflößend. Wie Sie diese Thematik in den Griff bekommen können, lernen Sie ab Seite 40.

Die meisten Zustimmungen bei e

Wahrscheinlich hat Ihr Hund ein Trennungsangstproblem. Welche Tipps Ihnen und vor allem Ihrem Hund helfen können, erfahren Sie ab Seite 50.

Haben Sie das Gefühl, die beschriebenen Übungen im angegeben Kapitel reichen nicht aus? Dann lesen Sie auch das Kapitel zu dem Themenbereich mit den zweithäufigsten Zustimmungen.

Viel Erfolg und viel Spaß beim Üben!

*Jeder Hund sollte einen gemütlichen,
sicheren Rückzugsort haben.*

ANGST VOR GERÄUSCHEN

*Ihr Hund fürchtet sich vor dem Klingeln des Telefons oder vor Motorrad-
lärm? Vielleicht machen ihm auch Gewitter und Feuerwerke fürchterlich zu
schaffen? Dann sind Sie hier richtig.*

Ursachen für Geräuschangst

Wieso sind unsere Hunde häufig so
geräuschempfindlich? Dies kann
verschiedene Ursachen haben. Erst
einmal die offensichtlichste: Unsere
Vierbeiner hören einfach besser als
wir! Das Gehör eines Hundes umfasst
viel mehr Frequenzbereiche als das
des Menschen. Außerdem können sie
Dinge wahrnehmen, die noch in weiter
Entfernung liegen.

Schauen Sie sich doch mal Ihren Hund
an, wenn Sie das nächste Mal laut
Musik hören. Was meinen Sie, wie es
ihm dabei geht? Unter Umständen gar
nicht so gut!

Die besondere Herausforderung besteht darin, dass viele Ängste erst
offensichtlich werden, wenn wir auf-
fällige Verhaltensweisen beobachten
können. Dazu gehören Versuche Ihres
Vierbeiners zu fliehen oder sich zu verstecken, vielleicht hechelt er auch oder
beknabbert sich selbst. Meist geht es
dem Hund aber schon zuvor nicht so
gut, wir merken es nur noch nicht.

Geräuschempfindlichkeit kann ge-
netisch bedingt sein. Es gibt einige
Rassen, die intensiver auf Geräusche
reagieren als andere. Hierzu zählen die
Hütehundrassen. Weit verbreitet sind
Geräuschprobleme besonders beim

Bearded Collie. Ich glaube, mir ist noch
so gut wie kein Exemplar dieser Rasse
begegnet, das nicht auf bestimmte
Geräusche empfindlich reagiert hat.
Entscheiden Sie sich für ein Exemplar
dieser Rasse, ist es besonders wichtig,
von Anfang an viele Geräusche ins Training einzubeziehen!

Natürlich spielen auch die Erfahrungen, die ein Hund in seinem Leben
gemacht hat, eine Rolle. Wurden Sie
draußen schon einmal von einem Gewitter überrascht? Da ist es doch verständlich, wenn Hunde in solch einem
Fall in Zukunft mit Angst reagieren.
Wenn jemand einen Luftballon platzen
lassen möchte, zucke ich schon vorher
und halte mir die Ohren zu. Warum?
Weil ich als kleines Mädchen vor diesem Geräusch erschrocken bin!

*Auch die Aufzuchtbedingungen sind wichtig,
um Geräuschängste zu vermeiden.*

Auslöser für die Angst

Bevor wir gleich ins Training einsteigen, sollten Sie sich möglichst alle Angst auslösenden Geräusche notieren. Unterscheiden Sie möglichst zwischen Geräuschen, die bei Ihnen zu Hause bei Ihrem Vierbeiner Angst auslösen – Staubsauger, Föhn, Klingel, Kindergeschrei usw. – und Geräuschen, die eher draußen vorkommen – Autos, Motorräder, Wind oder auch ein Rasenmäher.

Vielleicht können Sie auch die Geräuscharten identifizieren, die Angst auslösen: Sind es eher hohe Geräusche, schrille Laute oder Knallgeräusche?

Je besser Sie die Geräusche identifizieren können, desto effektiver wird das Training.

Bitte achten Sie darauf, dass Sie diese Geräusche soweit wie möglich vermeiden! Mag Ihr Hund nicht an der befahrenen Straße vorbeigehen, packen Sie ihn für die Gassirunde ins Auto und fahren Sie mit ihm aufs Feld. Hat Ihr Liebling Angst vor den Schussanlagen in den Weinbergen, gehen Sie erst einmal nicht dort spazieren! Na ja, und beim Rasenmähen muss Ihr Vierbeiner ja auch nicht wirklich dabei sein.

Einige Rassen haben häufiger mit Geräuschproblemen zu tun.

Silvester ist für viele Hunde der gruseligste Tag des Jahres.

Angst vor Feuerwerk und Gewitter

Nun noch kurz zum wohl häufigsten Problem bei Angst vor Geräuschen: die Angst vor Feuerwerk und/oder Gewitter. Welcher Hund findet Silvester wohl nicht gruselig? Was für uns oft der schönste Abend des Jahres ist, ist für unsere Vierbeiner meist der pure Horror. Dabei beginnt das Problem ja meist schon Tage zuvor. Immer wieder werden Feuerwerkskörper schon an den Tagen vor Silvester und lange vor Mitternacht gezündet. Da weiß Ihr Hund schon Bescheid! Auch beim Gewitter weiß er bereits viel früher als Sie, was passieren wird. In diesen Fällen muss dringend gehandelt werden! Wie Sie Ihrem Hund einen gemütlichen Sicherheitsplatz schaffen können, lernen Sie auf den folgenden Seiten.

Erste Maßnahmen

Zunächst aber noch einige Tipps rund um das laute Ereignis:
Gehen Sie rechtzeitig noch einmal mit Ihrem Vierbeiner raus, sodass Blase und Enddarm möglichst geleert sind, wenn es denn los geht, damit Ihr Hund nicht zum unpassendsten Moment seine Geschäfte erledigen muss. Schließen Sie Fenster und Türen und machen Sie die Rollläden oder Vorhänge zu. Sollte Fernsehen oder Radio laufen, achten Sie darauf, dass dort um Mitternacht kein Feuerwerk übertragen wird! Studien aus England beweisen, dass klassische Pianomusik Hunde entspannen lässt. Also legen Sie ruhig eine CD ein. Zu guter Letzt räumen wir mit dem größten Missverständnis auf: Sie müssen Ihren Angsthasen nicht ignorieren, wenn er bei Ihnen Unterschlupf sucht. Sie dürfen ihn ruhig streicheln und in den Arm nehmen, wenn ihm das hilft.

TIPP

Angst kann durch Aufmerksamkeit nicht verstärkt werden. Also nehmen Sie Ihren Hund ruhig in den Arm, wenn er das möchte!

... Lösung in Sicht: Aufbau eines Sicherheitsplatzes

1 Hat Ihr Vierbeiner vielleicht schon einen Platz, an den er sich zurückzieht, wenn es laut ist? Die Klassiker sind die Dusche, unterm Sofa oder der Keller. Diese Orte können Sie zusätzlich spannend und attraktiv machen. Ist dies nicht möglich, schaffen Sie eine Alternative. Eine gut abgehängte Zimmerbox wird meist gerne angenommen. Durch zusätzliches Abhängen erreichen wir auch eine Schalldämmung. Aber packen Sie diese Box bitte in das kälteste Zimmer der Wohnung! Warum? Durch das Abhängen ist die Luftzirkulation eingeschränkt. Dies kann dem Vierbeiner vor allem zum Verhängnis werden, wenn er bei Sommergewittern dort Schutz sucht.

2 Ihr Hund soll lernen, diesen Bereich gerne aufzusuchen. Dort passiert alles Spannende: Hier beginnen Spiele, Futter wird auf diesem Platz angeboten. Auch Kauartikel stehen zur Verfügung. Ihr Hund muss jederzeit Zugang zu diesem Bereich haben, damit er sich dort verstecken kann, wenn Sie nicht da sind und es beängstigend wird. Etwas Geruch von Ihnen kann zusätzlich entspannend wirken. Das kann etwa ein altes, getragenes T-Shirt sein. Auch Pheromone, die im Handel erhältlich sind, und einige ätherische Öle wirken entspannend und können zusätzlich eingesetzt werden. Näheres hierzu finden Sie im Spezialteil dieses Büchleins.

1 *Gedämmte Ecken wie Kleiderschrank, Dusche oder eine Zimmerbox werden vom Hund gerne angenommen.*

2 *Bringen Sie Ihrem Hund bei, diesen Sicherheitsplatz gerne aufzusuchen.*

3 Ihr Hund mag Streicheleinheiten? Dann bieten Sie diese in Zukunft immer auf einer bestimmten Decke an! Wir können nämlich bestimmte Objekte mit Entspannung verknüpfen. Oder werden Sie nicht müde, wenn Sie Ihr Bett erblicken oder sich in Ihrer Lieblingsdecke einkuscheln? Hatten Sie nicht als Kind einen Teddy, den Sie überall mit hinnehmen mussten, weil er Sie beruhigt hat? Also ich schon. Was Ihnen früher Ihr Teddy war, wird in Zukunft diese Schmusedecke für Ihren Vierbeiner sein.

4 Die entspannteste Liegeposition beim Hund ist die Seitenlage. Aber auch ein Hund, der seinen Kopf auf dem Boden oder auf eine seiner Pfoten ablegt, ist entspannt. Am besten ist auch das Gewicht auf eine Hüfte verlagert, so dass der Popo auf der Seite liegt. Und das bringen wir Ihrem Hund bei. Belohnen Sie alles, was ein bisschen in Richtung entspannteres Liegen geht. Den Po kann man meist auch ein wenig auf die Seite locken, indem man das Leckerchen seitlich anbietet. Und das Ganze setzen wir dann auf Signal. Ihr Hund soll sich also in Zukunft, wenn Sie „schlafen" oder „chillen" sagen, entspannt auf sein Deckchen legen.

3

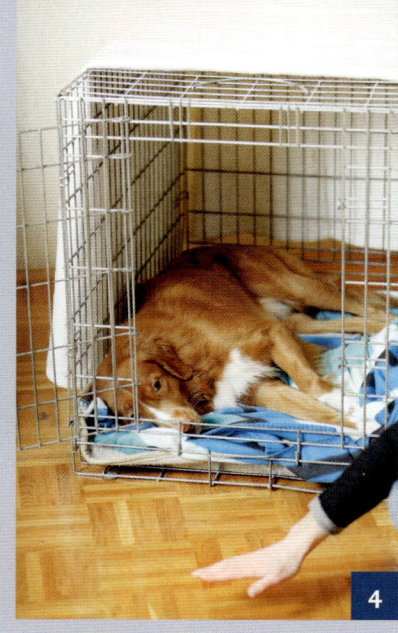

4

3 Streicheln und massieren Sie Ihren Hund auf einer bestimmten Decke.

4 Bringen Sie ihm entspanntes Liegen auf dieser Decke bei!

Arbeiten mit Geräuschen

1 Nun kommen die Geräusche ins Spiel. Verwenden Sie zunächst ein Geräusch, das dem Auslöser überhaupt nicht ähnelt. Reagiert Ihr Hund beispielsweise auf Feuerwerk, dann nehmen Sie Meeresrauschen. Sie beginnen mit einer ganz geringen Lautstärke und bieten das Geräusch nur kurz an. Im Training achten Sie darauf, dass Sie Dauer und Lautstärke unabhängig voneinander steigern. Beispielsweise bieten Sie das Geräusch immer lauter an und erst dann steigern Sie die Dauer.

2 Sobald Sie die CD gestartet haben, geben Sie ihm das Signal für entspanntes Liegen. Verwenden Sie hierfür natürlich seine Kuscheldecke aus dem Entspannungstraining. Schafft er es? Dann sagen Sie Ihr Lobwort und geben Sie ihm eine Belohnung. Wiederholen Sie das Hinlegen jedes Mal, wenn Sie die CD neu starten. Nach einigen Wiederholungen bietet Ihr Hund das Hinlegen sicherlich von alleine an.

1 Verwenden Sie zunächst ein Geräusch, das dem Angstauslöser sehr unähnlich ist.

2 Packen Sie die Decke aus und geben Sie Ihrem Hund das Signal für entspanntes Liegen.

3 Nun probieren Sie das Ganze in der Sicherheitszone Ihres Hundes. Klappt auch das zuverlässig, dann kommt das nächste Geräusch ins Spiel. Dieses sollte dem Problemgeräusch etwas ähnlicher sein. Nehmen wir wieder das Feuerwerkproblem, dann wäre Vogelgezwitscher vielleicht eine Alternative. Auch jetzt beginnen Sie mit geringer Lautstärke. Wieder werden Lautstärke und Dauer voneinander getrennt gesteigert. Schafft es Ihr Vierbeiner auch weiterhin entspannt zu liegen, dann kann es weiter gehen.

4 Die nächsten beiden Geräusche werden dem ursprünglichen Geräusch immer ähnlicher. Logischerweise müssen diese Schritte extrem vorsichtig aufgebaut werden, denn jetzt sind wir an einem ganz sensiblen Punkt angelangt. Also, vorsichtig Intensität und Dauer steigern und extrem auf die kleinsten Stressanzeichen Ihres Hundes achten! Schafft Ihr Vierbeiner auch das Gruselgeräusch? Dann lassen Sie diese CD ruhig auch während des Ernstfalles laufen. Nicht selten wird diese CD als Entspannungsgeräusch verknüpft.

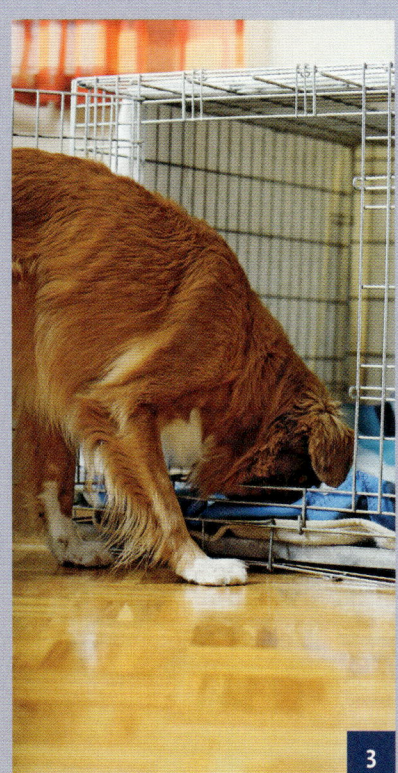

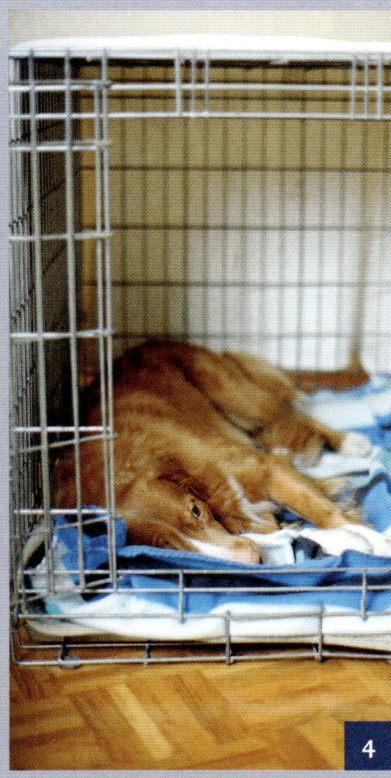

3 Die Decke wird dem Angsthasen in der Sicherheitszone angeboten – legt er sich nach dem Geräusch hin?

4 Wählen Sie nach und nach Geräusche, die dem Angstauslöser immer ähnlicher sind.

FEHLER ...

... und wie man sie vermeidet

1 Ihr Hund muss jederzeit die Möglichkeit haben, sich in seine Sicherheitszone zurückzuziehen! Wie soll er sich sonst entspannen, wenn ein Gewitter aufzieht und er nicht in seine Höhle kann?

2 Gehen Sie zu schnell im Training vor, dann wird Ihr Hund ziemlich sicher wieder gestresst reagieren! Und das wäre in seiner Sicherheitszone fatal. Bitte achten Sie extrem auf ein kleinschrittiges Training!

1 *Die Sicherheitszone sollte für den Hund immer zugänglich sein!*

2 *Vermeiden Sie, Lautstärke und Dauer des Geräuschs zu schnell zu steigern.*

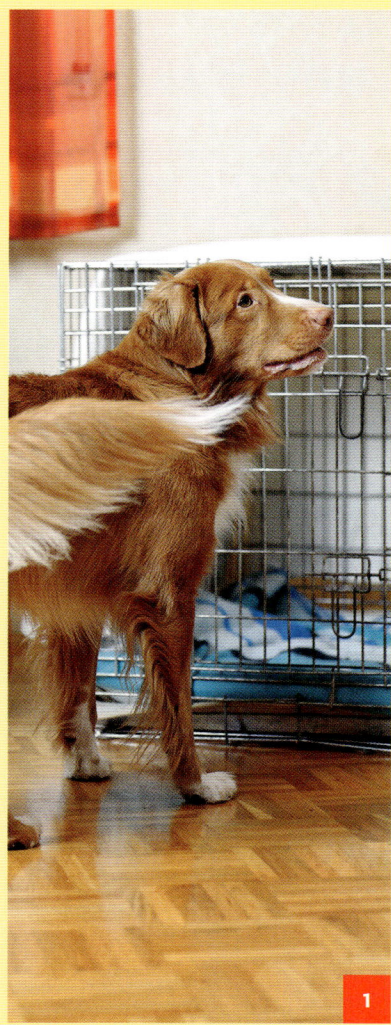

Was tun, wenn nichts hilft?

■ **Ihr Hund reagiert auf sehr viele Geräusche und Sie fragen sich, wie Sie die alle trainieren sollen?**
Schauen Sie, ob die Geräusche gewisse Gemeinsamkeiten haben, wie gleiche Frequenzen oder gleiche Intensitäten. Auf alle Fälle ist es hilfreich, einen Sicherheitsplatz gut aufzutrainieren. Für ein weiteres Training sollten Sie einen Tierarzt für Verhaltenstherapie aufsuchen. Eventuell kann Ihrem Hund über Futterzusatzstoffe oder Medikamente geholfen werden. Diese können aber nur eine Ergänzung sein und nicht das eigentliche Training ersetzen.

■ **Ihr Hund hat neben der Geräuschangst auch Angst vor dem Alleinsein?**
In diesem Fall sollten Sie unbedingt einen Trainer oder Verhaltenstherapeuten aufsuchen, der sich die Situation vor Ort anschaut. Es ist dringend professionelle Hilfe nötig, um den Alltag des Hundes zu entspannen. Nichtsdestotrotz ist es aber auch jetzt unglaublich wichtig, einen funktionierenden Sicherheitsplatz aufzubauen! Denn dieser hilft auch bei der Bewältigung von Trennungsangst. Näheres zu diesem Thema finden Sie in dem entsprechenden Kapitel.

■ **Die Geräuschangst tritt überwiegend draußen auf, da hilft Ihnen ein Sicherheitsplatz herzlich wenig?**
Das stimmt. Sie können aber das Training einfach ein wenig abwandeln, sodass es auch draußen funktioniert. Bringen Sie Ihrem Vierbeiner beispielsweise bei, Ihre Hand mit der Nase zu berühren oder sich mit der Schulter an Ihr Bein zu lehnen. Setzen Sie auch dieses Verhalten auf Signal und rufen Sie es ab, wenn Sie Ihre Geräusch-CD starten. Auf diese Art und Weise haben Sie ein entspannendes Alternativverhalten, das Sie auch unterwegs abrufen können. Weiterer Vorteil: Sie können sich trotzdem aus der Situation bewegen, entweder klebt Ihr Vierbeiner weiter an der Hand oder eben an Ihrem Bein.

■ **Auch Tage nach Silvester traut Ihr Hund sich nicht, an die frische Luft zu gehen?**
Suchen Sie sich Rat bei einem Tierarzt für Verhaltenstherapie. Es gibt eine Reihe von Medikamenten, die Ihrem Hund helfen können, die Angst erträglich zu machen und vor allem schneller wieder in den Alltag überzugehen.

ANGST VOR UMWELTREIZEN

Ihr Hund zeigt immer wieder Angst vor bestimmten Gegenständen? Wie Sie Ihrem Hund helfen können, mit fremden Objekten umzugehen, lernen Sie auf den nächsten Seiten.

Angst als natürliche Reaktion

Wieso reagieren unsere Haushunde immer wieder ängstlich? Ganz einfach, weil es eine natürliche Lösungsstrategie ist. Bei allen Säugetieren gibt es in der Entwicklung eine sensible Phase, in der sie anfälliger für Angst sind. Wieso ist das sinnvoll? Ganz klar, ein Tier in der freien Wildbahn, das nicht adäquat auf eine aufkommende Bedrohung reagiert, lebt möglicherweise nicht lange. Daher ist es natürlich sinnvoll, Angst zu haben.

Wie stark ein Hund auf eine potenzielle Bedrohung reagiert, ist von verschiedenen Faktoren abhängig. Das beginnt schon einmal beim Ungeborenen im Leib der Mutter. Mütter, die häufig gestresst reagieren, schütten mehr Cortisol aus, das sogenannte Stresshormon. Dieses gelangt durch die Plazenta auch an die ungeborenen Welpen. Studien zufolge reagieren diese Welpen stärker auf Stesssituationen. Züchter sollten aus diesem Grund darauf achten, unnötigen Stress der Mutterhündin zu vermeiden!

Objekt- und Ortsverknüpfung

Es gibt Hunde, die Angst vor fremden Objekten haben. Der Klassiker ist der Weihnachtsbaum, der nur einmal im Jahr im Haus steht. Diese Objekte sind dem Hund unbekannt und er hat in seinem bisherigen Leben keine Strategie gelernt, wie er damit umgehen kann. Dann gibt es natürlich auch Gegenstände oder Örtlichkeiten, die mit etwas Unangenehmem verknüpft sind. Der Klassiker: Welcher Hund geht schon gerne zum Tierarzt, wenn beim letzten Mal ein schmerzhafter Eingriff vorgenommen wurde? Es kann auch vorkommen, dass der Vierbeiner auf einer bestimmten Wegstrecke durch ein lautes Geräusch, wie eine Sirene, erschreckt wurde. In Zukunft möchte er vielleicht nicht mehr dort langgehen.

Auch Gegenstände können mit etwas Unangenehmem verknüpft werden. Beispielsweise zeigen manche Hunde Angst vor Ihrem Schlüsselbund, weil er Ihnen mal mit einem lauten Scheppern auf die Fliesen gefallen ist.

Enge Wege oder stark befahrene Straßen können Angstauslöser sein.

Erste Maßnahmen

Überlegen Sie erst einmal, was Ihren Vierbeiner alles ängstigt. Ist es wirklich nur das Objekt an sich? Vielleicht bewegt sich das Objekt ja auch oder macht Geräusche? Der Klassiker ist wohl der Staubsauger. Im Training müssen Sie darauf achten, dass Sie alle Komponenten getrennt voneinander bearbeiten. Beispielsweise fischen Sie sich erst das Geräusch heraus. Wie Sie das trainieren können, lernen Sie im ersten Kapitel dieses Ratgebers. Dann schauen Sie mal, ob Ihr Hund auch schon auf den ausgeschalteten, sich nicht bewegenden Staubsauger reagiert. Ist das der Fall? Dann können Sie das Training wie in der folgenden Trainingsanleitung durchführen. Zum Schluss gewöhnen Sie Ihren Vierbeiner an den ausgeschalteten Staubsauger, der sich bewegt. Klappt auch das, setzen Sie alles wieder zusammen. Nun müssen Sie sehr sorgsam sein und eventuell mit mehr Abstand arbeiten. Vermeiden Sie auf alle Fälle, dass Ihr Hund wieder ängstlich reagiert!
Um einen optimalen Trainingsfortschritt zu gewährleisten, achten Sie darauf, dass Ihr Vierbeiner keinen unkontrollierten Zugang zu den Angstauslösern hat. Müssen Sie also tatsächlich mal saugen, dann packen Sie den kleinen Angsthasen lieber in ein abgelegenes Zimmer, wo er nicht so viel mitbekommt.

Der Fehlerklassiker

Immer wieder können wir beobachten, dass Hunde zu Angstauslösern gelockt werden. Was passiert? Die Hunde geraten in einen Konflikt: Sollen sie zum Leckerchen gehen oder nicht? Im besten Falle machen sie sich extrem lang, nehmen schnell das Leckerli, um sich dann rasch wieder zurückzuziehen. Das macht keinen Sinn und hilft uns im Training nicht weiter.

Manchmal sind es aber einfach unbewegliche Objekte, wie dieser Müllsack, die den Hund ängstigen.

Stattdessen können Sie gerne mal ausprobieren, dass Sie selbst das Objekt erkunden und Ihren Vierbeiner dabei links liegen lassen. Oder ein souveräner Artgenosse kümmert sich um das Objekt. Das ist viel produktiver. Übungen, mit denen Sie gegen die Angst Ihres Hundes arbeiten können, statt ihn zu locken, finden Sie auf den nächsten Seiten.

Locken Sie Ihren Hund nicht zu einem Gegenstand und ziehen Sie ihn auch nicht dorthin! Das verbessert die Situation nicht.

... Lösung in Sicht: Targettraining

1 Suchen Sie sich einen Gegenstand, den Sie leicht überall hin mitnehmen können und den Ihr Hund gut sehen kann – kleine Frisbees, Bierdeckel oder auch Post-its haben sich bewährt. Die Farben gelb und blau kann der Hund am besten sehen, sie bieten zu vielen Objekten zudem einen guten Kontrast. Was wollen wir mit diesem Gegenstand erreichen? Ihr Vierbeiner soll lernen, ihn mit der Pfote zu berühren! In der Hundeausbildung nennt man solche Gegenstände „Targets".

2 Am einfachsten ist diese Übung, wenn Ihr Hund bereits Pfötchengeben beherrscht. Zeigen Sie Ihrem Hund wie gewohnt Ihre Hand, nur dass dieses Mal das Frisbee darunter liegt. Geben Sie wie gewohnt Ihr Pfötchengeben-Signal. Hebt Ihr Vierbeiner die Pfote, sagen Sie Ihr Lobwort. Wiederholen Sie dieses Spiel einige Male, dann ziehen Sie die Hand weg, kurz bevor die Pfote geflogen kommt, sodass das Pfötchen auf dem Frisbee landet und nicht mehr auf der Hand. Sagen Sie schnell Ihr Lobwort, Ihr Schützling ist bestimmt erst einmal überrascht.

1 *Wählen Sie einen Gegenstand, den Sie einfach mitnehmen können.*

2 *Halten Sie den Gegenstand unter Ihre Hand, wenn Sie sich die Pfote geben lassen.*

3 Nach und nach bauen Sie die Hilfe immer mehr ab. Präsentieren Sie Ihrem Vierbeiner nun nur noch den Gegenstand, in unserem Fall die Scheibe. Berührt er sie zuverlässig? Dann variieren Sie die Positionen. Bieten Sie das Target in verschiedenen Höhen, links und rechts von Ihnen an. Und denken Sie immer daran, Ihren Hund fürstlich zu belohnen, wenn er es richtig gemacht hat!

4 Schlussendlich möchten wir erreichen, dass wir das Target auf den Boden legen können. Arbeiten Sie sich also immer weiter Richtung Boden. Erst halten Sie die Scheibe ruhig noch in der Hand, dann legen Sie sie ganz auf den Boden. Möglicherweise findet Ihr Hund sie langweilig, wenn sie auf dem Boden liegt und sich nicht mehr bewegt. Kein Problem, dann legen Sie sie eben erst einmal immer wieder neu hin, sodass immer wieder ein bisschen Bewegung drin ist. Dann wird es auch ohne Bewegung immer besser klappen. Achten Sie aber bitte darauf, dass Sie die Trainingssequenzen kurz halten, sodass es Ihrem Liebling nicht langweilig wird.

3 Nach einigen Wiederholungen sollte der Hund die Pfote nur auf die Scheibe geben.

4 Bringen Sie den Gegenstand immer weiter Richtung Boden.

Variationen des Targettrainings

1 Hat Ihr Hund bisher alle Schritte gut gemeistert, beginnen wir, an der Entfernung zu arbeiten. Das Target liegt im nächsten Schritt nicht direkt neben Ihnen, sondern Sie bringen eine Schrittlänge zwischen sich und die Scheibe. Nun muss sich Ihr Vierbeiner aktiv von Ihnen wegbewegen, um das Frisbee zu berühren. Achten Sie jetzt extrem auf kleine Trainingsschritte und variieren Sie ständig die Entfernung. Es klappt? Dann können Sie das Verhalten auf Signal setzen. Sagen Sie beispielsweise in Zukunft „Touch", wenn Ihr Hund das Target berühren soll.

2 Denken Sie daran: Ihr Hund verknüpft immer den Kontext! Aus diesem Grund ist es sehr wichtig, dass Sie diese Übung an verschiedenen Orten wiederholen. Achten Sie aber darauf, dass Sie Orte wählen, an denen es nur wenig Ablenkung gibt. Die Übung ist noch nicht gefestigt genug, um sie in „gefährlichen" Situationen anzuwenden. Machen Sie es zu Beginn wieder einfach und wählen Sie eine kurze Entfernung. Sobald Ihr Hund verstanden hat, welche Übung dran ist, können Sie die Anforderungen wieder steigern.

1 *Bauen Sie Entfernung auf, sodass Ihr Hund dorthin gehen muss und die Scheibe berührt.*

2 *Üben Sie in verschiedenen Umgebungen.*

3 Nun wird es langsam ernst! Legen Sie das Target in die Nähe eines angstauslösenden Objekts. Aber denken Sie an ausreichend Abstand. Ihr Vierbeiner darf erst einmal nicht zögern, zum Target zu gehen. Geben Sie ihm ruhig einige Wiederholungen, bis er wieder in seiner Routine ist. Gönnen Sie ihm eine Superbelohnung, denn das war wirklich schwierig! Beobachten Sie Ihren Hund gut, er soll auf keinen Fall ins Zögern kommen!

4 Nun schauen wir einmal, ob wir in kleinen Schritten die Entfernung zum Angstauslöser verringern können. Achten Sie auch auf die kleinsten Stressanzeichen Ihres Hundes! Am leichtesten wird die Übung für Ihren Hund, wenn Sie sie mal einfacher und dann wieder schwieriger gestalten. Also, mal ist sie dichter am gefährlichen Objekt und dann wieder weiter weg. Die Distanz zum Angstauslöser soll sich nur im Durchschnitt verringern! Auf diese Art und Weise kann Ihr Hund frei wählen, ob er die Übung ausführt oder nicht. Damit haben wir eine viel elegantere und effektivere Methode geschaffen, als den kleinen Angsthasen zu locken.

3

4

3 Nun legen Sie die Scheibe in die Nähe des angstauslösenden Objekts.

4 Nähern Sie sich in kleinen Schritten, bis die Scheibe direkt beim gefährlichen Objekt liegt!

FEHLER ...

... und wie man sie vermeidet

1 Möglicherweise war Ihre Trainingssequenz zu lang. Ihr Hund interessiert sich nicht mehr für das Target. Bringen Sie wieder ein bisschen Bewegung hinein und variieren Sie die Belohnungen. Für besonders schnelle Ausführungen gibt es auch einmal sehr hochwertige Häppchen!

2 Gehen Sie zu schnell vor, fällt Ihr Hund wieder in seinen Angstmodus zurück. Das gilt es unbedingt zu vermeiden! Er soll nicht ins Zögern kommen! Bitte gehen Sie unbedingt einen großen Trainingsschritt zurück, und machen Sie es ihm viel einfacher!

1 *Der Vierbeiner interessiert sich nicht für die Scheibe am Boden.*

2 *Die Distanz wurde zu schnell verkleinert, der Hund hat doch wieder Angst.*

Was tun, wenn nichts hilft?

■ **Ihr Hund gruselt sich draußen vor allem, an Arbeiten ist gar nicht zu denken?**
Erst einmal gilt es, den Stresslevel allgemein zu mindern. Auf alle Fälle sollten Sie ein Entspannungssignal trainieren. Wie das geht, finden Sie im Spezialteil dieses Bandes. Ansonsten kann ich nur zu professioneller Hilfe raten. Denn in diesem Fall muss sehr behutsam vorgegangen werden.

■ **Trotz des Trainings ist Ihr Hund nicht konstant in seiner Leistung? Es passieren immer wieder große Rückschritte, und das Angstverhalten ist wieder präsent?**
Auch hier ist Vorsicht geboten! Bevor Sie weiter trainieren, lassen Sie Ihren Hund gründlich von einem Tierarzt durchchecken. Auch eine Blutuntersuchung mit einer Kontrolle der Schilddrüse darf nicht fehlen! Es könnte eine Schilddrüsenunterfunktion vorliegen. Eine Gabe von Schilddrüsenhormonen kann helfen. Aber Vorsicht! Eine Tablettengabe ersetzt natürlich nicht das Training!

■ **Sie bekommen Ihren vierbeinigen Angsthasen einfach nicht dazu, ein Target zu berühren?**
Möglicherweise ist er eben kein Pfotenhund. Es gibt immer mal wieder Hunde, die nicht gerne mit den Pfoten arbeiten oder diese nur schwer bewusst einsetzen. Probieren Sie eine kleine Abwandlung: Vielleicht möchte Ihr Hund ja lieber mit seiner Nase arbeiten! Bestätigen Sie ihn bereits, wenn er auch nur zum Objekt hinschaut. Dann soll er es auch einmal anstupsen. Und schon haben Sie auch eine Targetübung.

■ **Sie bekommen Ihren Hund nicht im Entferntesten an das Objekt, da er tagelang den Raum oder den Weg meidet?**
Es ist dringend an der Zeit, einen Verhaltenstherapeuten zu konsultieren. Außerdem ist eine tierärztliche Untersuchung mit Blutbild angesagt. Trainieren Sie bitte nicht alleine weiter. Das muss sich jemand direkt vor Ort anschauen. Was Sie jedoch auf alle Fälle tun können ist, an der Entspannung zu arbeiten.

ANGST VOR FREMDEN MENSCHEN

Ihr Vierbeiner möchte flüchten, wenn Ihnen Menschen beim Spaziergang begegnen. Vielleicht gruselt er sich auch vor dem Besuch im eigenen Heim? An dieser Stelle können Sie mehr zu diesem Thema erfahren.

Angst in der Entwicklungsphase

Dass Angst eine natürliche Verhaltensweise ist, haben wir bereits gelernt. Aber wieso entwickeln Hunde beispielsweise Angst vor fremden Menschen? Haben Sie immer schlechte Erfahrungen gemacht? Die Antwort ist ein klares „Nein"! Ein Mangel an Erfahrung reicht völlig aus. Machen wir mal einen kleinen Exkurs in die Welpenentwicklung. Sobald Augen und Ohren offen sind, beginnt die Sozialisationsphase. Erst einmal wird alles, was der Welpe zu diesem Zeitpunkt kennenlernt, angstfrei verknüpft. Es ist demnach außerordentlich schlau vom Züchter, Geräusch-CDs laufen zu lassen oder Besuch einzuladen. Auch erste Ausflüge mit dem Auto dürfen sein. Nach und nach kommt im Verhaltensrepertoire immer mehr Angst ins Spiel und der Welpe zeigt Meideverhalten. Diese Phase hat ihren Höhepunkt meist zur achten Woche hin, das heißt genau zu der Zeit, zu der die Welpen abgegeben werden. Dies ist leider nicht wirklich glücklich. Verantwortungsvolle Züchter sollten unbedingt darauf achten, wie der Zwerg gerade Neuem gegenüber reagiert. Ist er ängstlich, macht es Sinn, den Kleinen noch zwei Wochen zu behalten. Dann ist diese Angstrektion nicht mehr so stark ausgeprägt. Ist der Welpe noch nicht in dieser Phase, kann er ruhig schon abgegeben werden.

Junge Hunde zeigen häufiger Angst vor fremden Personen.

AHA!

Reagiert Ihr Welpe auf neue Reize mit Angst, dann macht es keinen Sinn, sofort mit ihm in die Welpenstunde zu gehen. Warten Sie bitte noch mindestens eine Woche!

Angst beim Junghund

Sind die Hunde aus der Welpenzeit heraus, endet damit leider die Angst noch lange nicht. In Hundetrainerkreisen wird gerne von Angstphasen gesprochen. Dem ist auch so, leider gehen Sie nur nicht spurlos am Hund vorbei, wie man es früher immer gedacht hat. Die Lernerfahrungen, die Ihr Jungspund macht, bleiben. Deshalb ist es unumgänglich, an auftretenden Problemen zu arbeiten!

Wieso kommt es eigentlich zu diesen Phasen? Ganz einfach: Das Gehirn ist im jugendlichen Alter stark im Umbau. Vor allem das limbische System ist in dieser Zeit sehr aktiv. Und das ist verantwortlich für alles, was mit Emotionen zu tun hat. Sie haben gerade Ihr pubertierendes Kind vor sich? Richtig, das ist beim Menschen nicht anders als bei anderen Säugetieren.

Reagieren Hunde auf fremde Menschen, dann kann man das eher nicht in der Stadt beobachten. Aber der einzelne Mensch im Feld ist angstauslösend. Auch lässt sich gerade bei Junghunden beobachten, dass sie zum Ende des Trainings oder während eines Spaziergangs, bei dem sich die Erregungslage sehr hochgeschaukelt hat, auf äußere Reize mit Angst oder Aggression reagieren. Das hängt damit zusammen, dass die Impulskontrolle, also die Fähigkeit, sich in schwierigen Situationen zu beherrschen, nicht unbegrenzt verfügbar ist. Sie ist schlicht und ergreifend irgendwann verbraucht. Dann reagiert Ihr Vierbeiner emotional auf Außenreize. Das kennen wir doch von uns selbst. Haben wir den ganzen Tag konzentriert gearbeitet, sind wir abends erschöpft. Und wenn dann der Partner noch irgendwelche Jobs wie das Staubsaugen der Wohnung für uns hat, dann rasten auch wir aus!

Der einzelne Mensch im Feld kann für den Hund bedrohlich wirken.

Angst vor Besuchern

In Ihrer Familie sind fremde Personen vielleicht gar nicht so sehr das Problem, aber Besuch zu Hause ist furchtbar? Natürlich nur für Ihren Vierbeiner! Nachfolgend schon einmal erste Maßnahmen, wenn Besucher bei Ihrem Hund Angst auslösen. Gönnen Sie Ihrem Vierbeiner ein schönes Sicherheitsplätzchen in einem abgelegenen Raum, auf das er sich jederzeit zurückziehen kann. Bringen Sie ihn erst einmal dorthin, sobald es geklingelt hat. Schließen Sie die Tür oder bringen Sie ein Kindertrenngitter an, damit Ihr Hund erst einmal nicht zu den Besuchern kommt. Nun erst lassen Sie Ihren Besuch herein. Haben sich alle begrüßt und der Besuch hat Platz genommen, darf Ihr Vierbeiner ruhig wieder dazu. Das Zimmer zu seinem Rückzugsplatz sollte für ihn aber zugänglich bleiben. Er soll sich ruhig wieder zurückziehen dürfen, wenn er das möchte. Erklären Sie Ihrem Besuch, dass er den Hund erst einmal links liegen lassen soll. Und ignorieren heißt: nicht ansprechen, nicht anfassen, aber auch nicht anschauen! Sie werden merken, dass sich Ihr Vierbeiner zunehmend entspannen kann. Belohnen Sie ihn ruhig hierfür. Er hat es sich verdient! Merken Sie, dass es ihm in Anwesenheit des Besuchs nach und nach schlechter geht, dann dürfen Sie ihn ruhig wieder auf seinen Sicherheitsplatz bringen. Machen Sie es ihm angenehm und geben Sie ihm etwas zu kauen.

Geben Sie Ihrem Schützling Zeit! Sobald er sich sicher fühlt, wird er von ganz alleine Kontakt aufnehmen! Und bitte, werfen Sie den Anspruch über Bord, dass sich Ihr Hund von jedem anfassen lassen muss. Oder möchten Sie von jedem begrabscht werden? Sicherlich nicht!

Auch fremder Besuch kann für den Vierbeiner Angst auslösend sein.

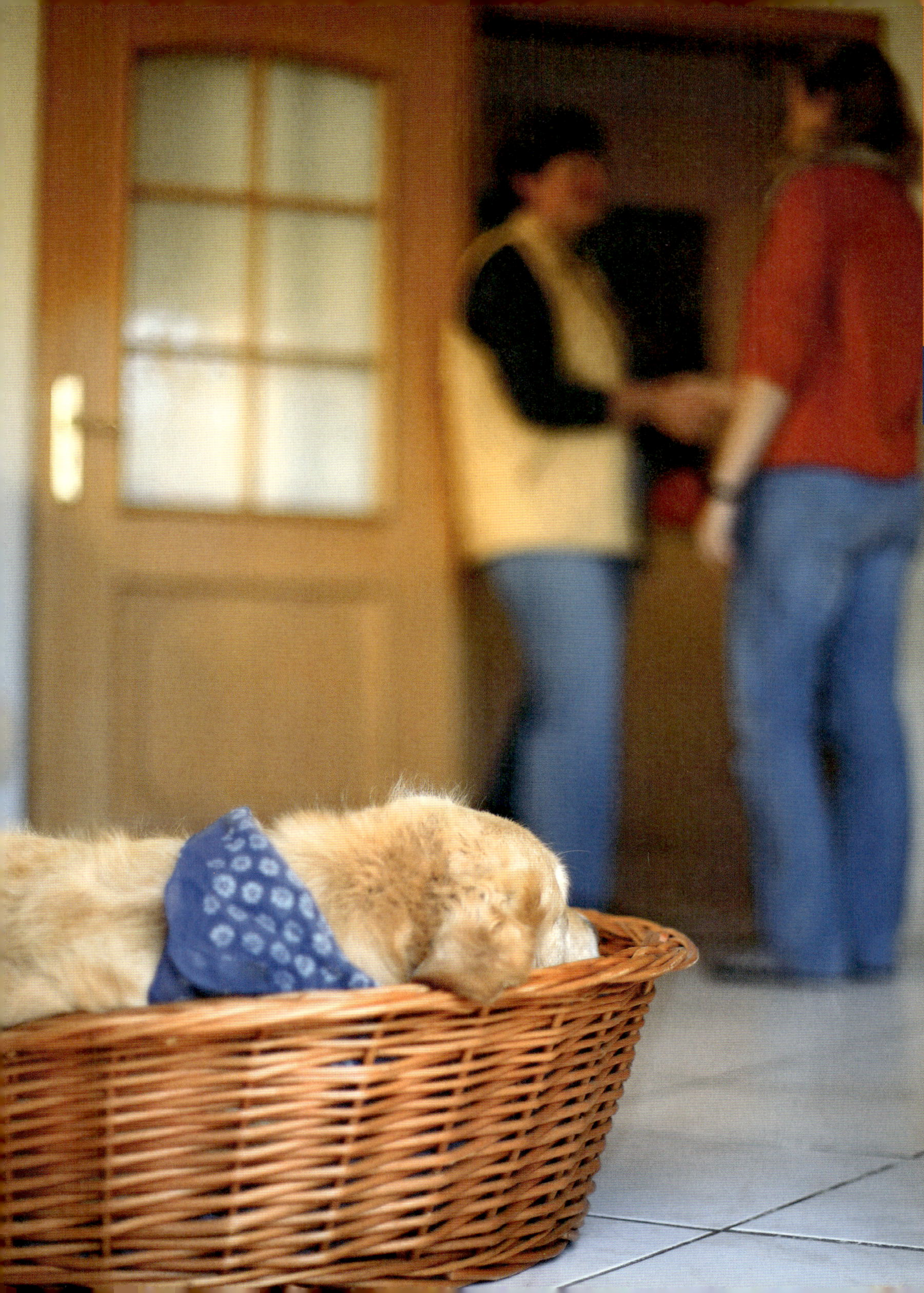

... Lösung in Sicht: Hinschauen lassen

1 Häufig sehe ich, wie die Halter den Versuch unternehmen, den Hund sofort vom Angstauslöser wegzulocken. Das ist enorm schwierig! Oder würden Sie mich anschauen, wenn hinter Ihnen eine gewaltige Spinne an der Wand sitzt? Von daher ist Hinschauen lassen eine schöne Übung. Was erreichen wir? Das Markersignal kommt in dem Moment, in dem Ihr Vierbeiner zum fremden Menschen schaut. Wir verknüpfen also den Mensch mit etwas Positivem. Denn „Click und Keks" macht bestimmt keine schlechte Laune. Und wir erreichen, dass sich die Aufmerksamkeit des Hundes teilt. Er ist zumindest für einen kurzen Moment gedanklich bei uns und nicht nur bei dem Fremden.

2 Das Häppchen kann Ihr Vierbeiner ruhig etwas seitlich, weg vom Auslöser haben. Schauen Sie einfach, was er in dieser Situation hinbekommt. Für manche Angsthasen ist es auch hilfreich, wenn das Bröckchen etwas seitlich an den Wegesrand kullert. So ist er noch ein wenig mit Schnüffeln beschäftigt und kann aus einem Augenwinkel den „Feind" beobachten. Sobald Ihr Hund wieder zum Auslöser schaut, geht das ganze Spiel von vorne los. Wieder kommt das Markersignal, gefolgt von einer Belohnung.

1 Sobald der Hund den Angst auslösenden Menschen anschaut, kommt unser Markersignal.

2 Mit der nachfolgenden Belohnung kann ich den Hund etwas vom Auslöser wegorientieren.

3 Die Belohnung muss nicht immer zwangsläufig ein Häppchen sein. Besonders ängstliche Exemplare können sich in solch einer Situation bestimmt auch nicht am Essen erfreuen. Denken Sie an die Spinne an der Wand. Welche Belohnung würden Sie wählen? Klar, Sie möchten sich von dort entfernen! Und Ihrem Vierbeiner geht es nicht anders. Also, gehen Sie nach dem Markersignal ruhig ein ganzes Stück aus der Situation heraus. Ist eine Entfernung erreicht, bei der Ihr Hund sich wieder entspannt hat, kann er gerne auch ein Bröckchen haben.

4 Nach einigen Wiederholungen werden Sie merken, dass Ihr „Problemkind" es immer schneller schafft, den Fokus vom Angstauslöser zu wenden. Er kann sich vielleicht noch nicht ganz zu Ihnen umdrehen aber zumindest ein Ohr wird in Ihre Richtung gestellt sein, sobald Ihr Vierbeiner einen beängstigenden Zweibeiner erblickt. Nun sind wir schon ein ganzes Stück weiter. Und es heißt dranbleiben! Werden Sie nicht nachlässig und fangen Sie jede Begegnung auf diese Weise ab. Besonders schwierige Gegenden, beispielsweise den Stadtpark, meiden Sie bitte! Zuerst müssen Sie und Ihr Vierbeiner sicher im Training werden! Und dazu gehört auch noch ein Alternativverhalten, das nicht mit flüchten oder pöbeln vereinbar ist.

3

4

3 Für ängstliche Hunde ist es eine zusätzliche Belohnung, die bedrohliche Situation verlassen zu dürfen.

4 Nach einigen Wiederholungen sollte der Fokus nicht mehr ganz bei dem anderen Menschen sein.

Alternativverhalten trainieren

1 Nicht jedes Alternativverhalten eignet sich für jeden Hund. Am besten wählen Sie ein Verhalten, das deeskalierend und entspannend zugleich wirkt. Im Folgenden möchte ich Ihnen ein paar Varianten vorstellen. Eine schöne Möglichkeit: Bringen Sie Ihrem Hund bei, sich hinter Sie zu setzen. Auf diese Weise kann Ihr Schützling sich ein Stück weit hinter Ihnen in Sicherheit bringen. Wie vermitteln Sie das Ihrem Hund? Ganz einfach: Treten Sie einen kleinen Schritt vor Ihren Hund. Akzeptiert er es, geben Sie ihm das Markersignal. Die Belohnung wartet hinter Ihrem Rücken. Nach ein paar Wiederholungen können Sie das Ganze dann schon auf Signal setzen.

2 Auch diese Variante wirkt deeskalierend. Sie bringen sich zwischen Hund und Angstauslöser. Und schon haben Sie Distanz aufgebaut. Üben Sie den Seitenwechsel erst einmal unabhängig vom Angstauslöser. Locken Sie einfach Ihren Vierbeiner hinter Ihrem Rücken auf die andere Seite. Sie können erst einmal bequem stehenbleiben. Ist er auf der neuen Seite angekommen, sagen Sie Ihr Lobwort, gefolgt von einem Häppchen. Probieren Sie nun das Ganze in Bewegung. Klappt es? Dann kann das Kind einen Namen bekommen! Wichtig: Erst kommt das neue Signal, beispielsweise „Seite", und dann locken Sie Ihren Hund auf die neue Seite.

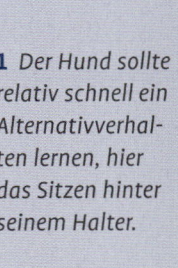

1 Der Hund sollte relativ schnell ein Alternativverhalten lernen, hier das Sitzen hinter seinem Halter.

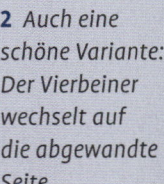

2 Auch eine schöne Variante: Der Vierbeiner wechselt auf die abgewandte Seite.

3 Ein ganz leicht aufgebautes Alternativverhalten: Werfen Sie ein paar Häppchen an den Wegesrand. Auch das machen Sie erst einmal unabhängig vom Auslöser. Kündigen Sie das Werfen ruhig durch ein Signal, beispielsweise „Leckerli", an. Und schon kann Ihr Liebling sich seine Häppchen erschnüffeln. Nun kommt der Ernstfall: Ihr Hund sieht den Auslöser, Sie geben Ihr Markersignal, gefolgt von „Leckerli" und schon fliegen die Häppchen! Ihr Schützling wird demnächst auf fremde Menschen warten!

4 Für die Apportierer unter unseren Vierbeinern: Lassen Sie Ihren Hund etwas tragen. Für alle vorgestellten Varianten gilt: Ihr Hund muss das Alternativverhalten gerne ausführen. Das heißt: Es muss unbedingt positiv aufgebaut worden sein! Ansonsten werden Sie keine Chance haben, das Stresslevel Ihres vierbeinigen Partners zu verbessern. Probieren Sie ruhig aus, was Ihr Hund in schwierigen Situationen zuverlässig ausführen kann. Und schon haben Sie ein super Alternativverhalten trainiert!

3 Leckerchen am Wegesrand suchen zu dürfen, ist für viele Hunde eine tolle Belohnung.

4 Apportierfreudige Hunde tragen als Alternative gerne einen Gegenstand.

... und wie man sie vermeidet

1 Achten Sie gerade im Ernstfall auf hochwertige Belohnungen! Denken Sie daran: Sie möchten Angst einflößende Menschen positiv besetzen! Da sind tolle Belohnungen unerlässlich. Machen Sie sich eine Top Ten Liste an außergewöhnlichen Belohnungen. Diese sind für schwierige Situationen enorm wichtig!

2 Möchte Ihr Hund Ihnen nicht aus der Situation folgen, dann ist das nicht die richtige Belohnung. Zumindest nicht zum jetzigen Zeitpunkt. Wie ein positiv besetztes Umkehrsignal aufgebaut wird, lernen Sie im nächsten Kapitel.

1 Hier ist die Belohnung nicht hochwertig genug – der Hund kann sich nicht vom Menschen wegorientieren.

2 Für diesen Vierbeiner ist das Wegführen aus der Situation keine Belohnung!

Was tun, wenn nichts hilft?

■ *Ihr Hund hat nicht nur Angst vor Menschen, sondern auch vor Artgenossen und Umwelteinflüssen?*
Es gilt, wie so häufig bei Problemverhalten: Stellen Sie Ihren Vierbeiner einem Experten vor! Es müssen sowohl die Vorgeschichte des Hundes, das bisherige Vorgehen als auch der Gesundheitszustand berücksichtigt werden! Bei eventuellen gesundheitlichen Problemen können Sie noch so viel trainieren, Sie werden keine langfristigen Erfolge erzielen können.

■ *Die Erregungslage Ihres Hundes ist schnell so hoch, dass er keines der genannten Alternativverhalten ausführen kann?*
Senken Sie unbedingt das Stresslevel Ihres Hundes! Reduzieren Sie angstauslösende Situationen erst einmal auf ein Minimum und bauen Sie ein Entspannungssignal auf. Wie das geht, lernen Sie im Spezialteil dieses Büchleins. Viele flankierende Maßnahmen wie ein Thundershirt, können zusätzlich unterstützen.

■ *Trotz fleißigen Trainings kommen Sie nicht weiter und Ihr Vierbeiner fällt immer wieder in alte Muster zurück?*
Ein Gesundheits-Check ist dringend notwendig. Auch ein Blutbild inklusive Schilddrüsenwerte sollte nicht fehlen. Wenden Sie sich bei der Ausweitung des Blutbildes an einen auf Verhaltenstherapie spezialisierten Tierarzt und besprechen Sie mit ihm das weitere Vorgehen!

■ *Ihr Vierbeiner reagiert nicht ängstlich, sondern zeigt Aggressionsverhalten und hängt pöbelnd in der Leine?*
In diesem Fall war die Grundemotion möglicherweise einmal Angst. Hunde mit Angst haben vier Möglichkeiten, mit dieser umzugehen. Die bekannten vier Fs: Fight (also Aggressionsverhalten), Flight (Flucht), Fiddleabout (hiermit sind Spielaufforderungen gemeint) und Freeze (Erstarren). Hat er Aggressionsverhalten gewählt, kann im Gehirn nicht gleichzeitig die Emotion Angst herrschen. Nichtsdestotrotz kann die Stimmungslage immer zwischen Angst und Aggression hin und her schwanken. Kommen Sie im Training nicht weiter, suchen Sie sich professionelle Hilfe!

ANGST VOR ARTGENOSSEN

Sie hätten so gerne, dass Ihr Vierbeiner mit anderen herumtobt? Stattdessen gruselt er sich aber vor Artgenossen und möchte nur weg? Mehr zu diesem Thema lernen Sie in diesem Kapitel.

Kleine Hunde haben häufig Angst vor großen Artgenossen.

Biologische Ursachen

Wieso hat mein Hund Angst vor Artgenossen, schließlich ängstige ich mich doch auch nicht , wenn mir andere Menschen begegnen? Das mögen Sie sich fragen. Nun versetzen Sie sich mal in die Situation eines kleinen Chihuahua: Da kommt ein großer Labrador angerannt und von der Besitzerin hört man nur den Klassiker: „Der tut nichts, der will nur spielen!" Ja, ist ja super, aber dem Zwerg hilft das nicht!

Zumal: Unsere Hunde sehen im Erscheinungsbild mittlerweile so unterschiedlich aus, dass eben nicht klar ist, dass alle Artgenossen sind. Nehmen wir doch mal die Extreme: die Zwergrassen auf der einen Seite und die Riesen wie die Dogge oder den Irischen Wolfshund auf der anderen. Von Ähnlichkeit kann da keine Rede mehr sein. Besonders schwer zu lesen sind für unsere Vierbeiner beispielsweise auch die ganzen wuscheligen Vertreter wie der Bearded Collie und der Briard. Feinheiten in der Körpersprache können bei diesen kaum noch erkannt werden. Es ist mittlerweile schier unmöglich, den eigenen Hund an alle anderen Rassen zu sozialisieren. Hinzu kommt, dass Welpengruppe nicht gleich Welpengruppe ist! Man kann durchaus eine Angstproblematik in einer Welpengruppe verschlimmern, anstatt sie zu verbessern! Gleiches gilt für sogenannte Spielgruppen für erwachsene Hunde. Dort werden nicht selten die Leinen gelöst und die Hunde sind sich selbst überlassen.

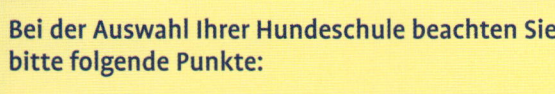

INFO

Bei der Auswahl Ihrer Hundeschule beachten Sie bitte folgende Punkte:

- *Ein Trainer beaufsichtigt höchstens fünf bis sechs Hunde.*
- *Die Hunde werden nicht sofort frei laufen gelassen; spielen findet kontrolliert und unter Anleitung statt.*
- *Die Hunde sind nach Alter, Temperament, eventuell sogar nach Geschlecht getrennt.*
- *Nach etwa zehn Minuten sollte spätestens eine Spielpause erfolgen!*

Der Leinenpöbler

Man hört und liest viel zum Thema Aggressionsverhalten an der Leine. Sicherlich gibt es hier viel Interpretationsspielraum. Aber sind Hunde, die an der Leine Aggressionsverhalten zeigen, wirklich ängstlich? Das Ganze lässt sich nicht so einfach in einem Satz beantworten.

Erst einmal haben Hunde vier Möglichkeiten, mit Angst umzugehen. Entweder sie frieren ein, bleiben also regungslos stehen, oder sie laufen weg. Dann gibt es noch die Kandidaten, die Spielaufforderungen zeigen; dies kann häufig bei den Retrievern beobachtet werden. Zu guter Letzt gibt es die Angsthasen, die mit Aggressionsverhalten reagieren. Aber: Angst und Aggressionsverhalten können im Gehirn nicht gleichzeitig existieren. Es ist möglich, dass das Individuum in den Emotionslagen schnell hin und her wechselt. Dennoch: Ein aggressiver Hund ist erst einmal aggressiv. Die Grundemotion war möglicherweise Angst. Im Laufe seines Lebens hat Ihr Hund aber gelernt, mit Aggressionsverhalten Erfolg zu haben – der andere geht weg.

Eine weitere Ursache für Leinengepöbel ist Frust! Der Vierbeiner kann frustriert reagieren, weil er nicht zum Gegenüber kann. Er kann Unbehagen verspüren, weil die Leine ihn einschränkt. Hinterfragen Sie bitte gut, welche Ursache bei Ihrem Hund zu Grunde liegt. Dies ist enorm wichtig für das Training! In der Übungsanleitung gibt es die

Begegnungssituationen an der Leine können stressig für Hunde sein.

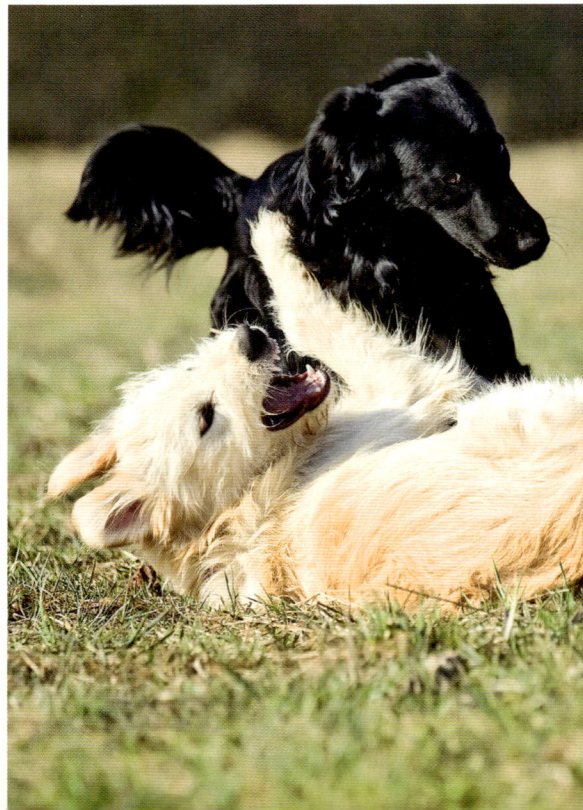

Aufgabe eines geordneten Rückzugs. Diese Übung ist für ängstliche Hunde absolut toll, denn für sie ist es eine Belohnung, aus der stressigen Situation heraus zu dürfen. Handelt Ihr Vierbeiner allerdings aus Frust, ist es für ihn eine Strafe, die Situation verlassen zu müssen, und Sie werden im Training nicht schnell weiterkommen.

Erste Maßnahmen

Vermeiden Sie, soweit möglich, Hundekontakte, die Ihren Hund ängstigen und die Sie nicht gut kontrollieren können. Gehen Sie bitte dort spazieren, wo Ihnen möglichst wenig begegnet, das Ihrem Hund Angst macht. Auch in einem Ballungsgebiet finden Sie Mittel und Wege, Ihrem Hund den Alltag leichter zu gestalten. Eine Möglichkeit wäre das Entspannungssignal. Der Aufbau wird am Ende dieses Buches erklärt. Zusätzlich kann Ihr Vierbeiner ein Thundershirt tragen. Dies ist eine Art Body, der eng am Körper anliegt. Was das bringen soll? Im Prinzip ist das Thundershirt eine Weiterentwicklung der Körperbandage aus dem Tellington Touch. Sie haben bestimmt auch schon einen Wurf Welpen beim Schlafen gesehen. Genau, sie liegen zusammengerollt auf einem Haufen. Hunde, die im häuslichen Bereich Angst haben, drücken sich gerne in eine Ecke. Warum? Weil sie Körperkontakt brauchen. Dadurch wird Oxytocin ausgeschüttet, das sogenannte Kuschelhormon. Dem Tier geht es dadurch besser. Genau dieser Effekt wird auch beim Thundershirt erreicht. Eine weitere Möglichkeit, besonders wenn Ihr Vierbeiner auf bewegte Reize reagiert, ist das sogenannte Calmingcap. Es ist wie ein Tuch, das dem Hund über die Augen gezogen wird. Er kann hierdurch natürlich noch sehen, aber es gibt eben weniger Reize, die seine Angst auslösen. In besonders schwierigen Fällen ist erst jetzt ein Training möglich!

Ganz allgemein gesagt: Beobachten Sie Ihren Liebling gut. Ist er sehr gestresst, dürfen Sie ruhig auf Ihr Bauchgefühl hören und den Spaziergang frühzeitig beenden. Sie können ja auch zu Hause Ihren Hund noch ein wenig beschäftigen, wenn Sie denken, er ist nicht genug ausgelastet. Aber wie immer braucht es erst einmal eine Stressreduktion! Und dann kann es losgehen!

Manche sogenannten „Spielgruppen" fördern Angst, anstatt sie zu verbessern.

... Lösung in Sicht: Hinschauen belohnen

1 Diese Übung wurde bereits im vorigen Kapitel ausführlich besprochen. Bitte schauen Sie zusätzlich noch einmal auf den Seite 34 bis 37, dort ist alles genau erklärt.
Sobald Ihr Hund einen anderen Vierbeiner wahrnimmt, kommt Ihr Markersignal, gefolgt von einer Belohnung. Genau dann, wenn er zu dem Artgenossen hinschaut, nicht wenn er wegschaut! Wichtig hierbei ist, dass Sie mit ausreichend Abstand beginnen. Sind Sie zu dicht an dem anderen Hund, kann er sicherlich nicht mehr denken und seine Belohnung interessiert ihn auch nicht mehr. Also, auch wenn der andere als kleiner Punkt am Horizont sichtbar ist: Click – Belohnung!

2 Bei der Belohnung achten Sie bitte darauf, dass Sie etwas vom anderen Hund weggerichtet ist. Sie müssen ihn nicht komplett abwenden, ein fliegendes Leckerchen an den Wegrand reicht bereits aus. Und schauen Sie, dass Sie eine Belohnung wählen, die auch wirklich eine Belohnung ist! Kann er kein Häppchen nehmen, dann braucht es etwas anderes. Vielleicht ist ein kurzes Spiel möglich oder eben ein Verlassen der Situation. Und hierbei ist ganz wichtig: Das Verlassen muss für den Vierbeiner positiv sein! Hängt er weiter in der Leine und schaut oder kläfft in Richtung des anderen Hundes, dann ist Verlassen der Situation keine Belohnung!

1 Belohnen Sie Ihren Hund, wenn er einen anderen Hund erblickt.

2 Das Leckerchen sollte der Hund ein Stück vom Artgenossen entfernt erhalten.

Geordneter Rückzug

3 Wir trainieren den Richtungswechsel oder U-Turn erst einmal ohne jegliche Ablenkung. Ziel ist, dass der Hund sich abwendet, egal ob er an der Leine läuft oder nicht, egal ob er weit voraus ist oder neben Ihnen. Er soll sich möglichst an lockerer Leine umdrehen und in die neue Richtung mitkommen. Erster Schritt: Nehmen Sie ein Häppchen in die Hand, sagen Sie ein Signal zum Umkehren, beispielsweise „hier lang" und locken Sie Ihren Hund mit dem Häppchen in die neue Richtung. Sobald er dem Bröckchen folgt, geben Sie Ihr Markersignal, und das Futterstück darf im Hund landen.

4 Üben Sie diese Trainingseinheit einige Male. Sie dürfen ruhig erst einmal das Futter in der Hand halten und den Hund in die neue Richtung locken. Wichtig ist, dass die Leine möglichst durchhängt, wenn Sie das Signal sagen. Zudem wirken Sie bitte nicht über die Leine auf ihn ein, um den Trainingspartner in die neue Richtung zu bugsieren. Bereits nach einigen Wiederholungen merken Sie sicherlich eine kleine Reaktion nach dem Hörzeichen. Ihr Vierbeiner dreht ein Ohr in Ihre Richtung, wendet sich vielleicht auch schon erwartungsvoll in Richtung Ihrer Hand? Dann wird es Zeit für den nächsten Schritt!

3 Nach dem Signal „hier lang" wird der Hund an durchhängender Leine ohne Ablenkung in die neue Richtung gelockt.

4 Folgt Ihr Vierbeiner, bekommt er sein Leckerchen.

Richtungswechsel perfektionieren

1 Nun bleibt das Futter in der Tasche. Ihr Hund befindet sich möglichst an lockerer Leine neben Ihnen, wenn Sie das Signal geben. Wieso ich so penetrant auf eine lockere Leine bestehe? Na, wir wollen doch keine Verknüpfung mit der Leine! Das Signal soll doch später auch mal im Freilauf oder an der Schleppleine funktionieren. Also: Sie geben Ihr Signal für Richtungswechsel und beobachten Ihren Hund gut. Bleiben Sie ruhig stehen, sodass er merkt, dass es nicht mehr in diese Richtung weitergeht. Sobald er die kleinste Reaktion in die neue Richtung zeigt – und sei es, dass er nur sein Ohr in Ihre Richtung dreht –, geben Sie Ihr Markersignal.

2 Und nun erst, nach dem Lobwort, dürfen Sie in die Tasche greifen und Ihre Belohnung herausholen. Jetzt dürfen Sie auch wieder ein kleines Stück locken, sodass Ihr Vierbeiner sich komplett in die neue Richtung dreht. Geben Sie ihm seine erwartete Belohnung. Es ist enorm wichtig, den Futterpunkt gut auszuwählen. Bekommt Ihr Hund immer in der neuen Richtung neben Ihnen seine Belohnung, wird er auch immer schneller diesen Ort aufsuchen. Und genau das wollen wir doch auch!

1 Geben Sie Ihr Umkehrsignal, ohne mit dem Leckerchen zu locken.

2 Jetzt erst wird das Futter aus der Tasche geholt und dem Hund gegeben.

3 Sobald die Situation in Ihrer Nähe gut klappt, bauen wir mehr Distanz auf. Nehmen Sie Ihren Hund an eine Schleppleine und warten Sie ab, bis er etwas voraus läuft, aber nicht zu abgelenkt ist. Sagen Sie Ihr Signal. Wieder beobachten Sie die Körperhaltung Ihres Hundes. Ist eine Reaktion sichtbar? Dann geben Sie schnell das Markersignal! Erwarten Sie nicht, dass sich Ihr Hund gleich komplett zu Ihnen umdreht. Sie können aber richtig Action machen und ihn anfeuern, dass er es schafft, sich sein Bröckchen abzuholen. Und vielleicht ist ja auch ein kurzer Spurt in die neue Richtung eine Superbelohnung.

4 Bisher haben wir immer ohne den Kontext „Artgenossen" gearbeitet, Sie erinnern sich hoffentlich noch! Und bevor wir eine Hundesituation nehmen, probieren Sie das Signal erst einmal aus, wenn Ihr Vierbeiner mäßig abgelenkt ist, beispielsweise legen Sie etwas Futter aus. Reagiert er ohne angespannte Leine? Super, dann sind wir mutig und nehmen uns eine Hundesituation. Achten Sie auf genügend Abstand. Sie können auch gerne noch ein-, zweimal das Hinschauen belohnen. Nun geben Sie Ihr Umkehrsignal. Ihr Hund zeigt eine Reaktion? Super! Nun können Sie die Situation frühzeitig für Ihren Hund entstressen, indem Sie die Richtung wechseln.

3

4

3 *Klappt alles an kurzer Leine, kommt die Schleppleine ins Spiel.*

4 *Nun erst kommen wieder andere Hunde ins Spiel.*

... und wie man sie vermeidet

1 Der größte Fehler ist, das Umkehrsignal nur noch in Situationen mit starken Aufregern zu geben! Ihr Hund wird immer mehr Probleme bekommen, sein Verhalten zuverlässig auszuführen, denn er erwartet ja schon eine schwierige Situation. Deshalb: Trainieren Sie auch immer wieder einfache Situationen. Und: Halten Sie immer wieder Superbelohnungen parat!

2 Ist der Hund zu stark erregt, wird er nicht auf Ihr Signal reagieren. Das kann er auch nicht! Natürlich kann einem solch eine Situation immer mal passieren. Sollten Sie nicht durchdringen – und mit durchdringen meine ich nicht, Sie sollen Ihren Hund anschreien –, betreiben Sie Schadensbegrenzung und machen Sie Ihrem Vierbeiner und Ihnen selbst die Situation so angenehm wie möglich!

1 *Denken Sie daran, nicht nur mit starken Auslösern zu üben!*

2 *Hier ist die Ablenkung zu groß! Die Leine ist stramm und der Hund stark erregt!*

Was tun, wenn nichts hilft?

- **Trotz eines kleinschrittigen Aufbaus des Umkehrsignals möchte Ihr Hund im Ernstfall nicht die Richtung ändern?**
Vielleicht war die Grundemotion nicht Angst, sondern Ihr Hund reagiert aus Frust! Hinterfragen Sie selbst: Hat er viele Hundekontakte? Reagiert er im Freilauf auf Artgenossen nett und freundlich und an der Leine pöbelt er? Dann hat er höchstwahrscheinlich Frust! In diesem Fall will er natürlich nicht von dem anderen Hund weg. Schauen Sie, was er sonst an Alternativverhalten zeigen kann. Vielleicht schafft er es ja zu sitzen. Oder es gelingt ihm, ein paar Häppchen am Wegesrand zu suchen. Es ist vollkommen in Ordnung, wenn er es erst einmal nicht schafft, sich abzuwenden. Es ist Ihr Job, eine Alternative zu finden, mit der Sie beide klarkommen. Sollten Sie beim Trainingsaufbau Fragen oder Probleme haben, finden Sie im Anhang einige nützliche Adressen, an die Sie sich wenden können.

- **Ihr Hund hat nicht nur Angst vor Artgenossen, sondern vor vielen weiteren Umweltreizen, beispielsweise vor Fußgängern, Fahrzeugen, Radfahrern, Joggern?**
In diesem Fall muss unbedingt ein Fachmann zu Rate gezogen werden! Der erste Schritt muss eine absolute Stressreduktion sein. Schauen Sie sich an, welche Gassigänge Ihr Hund gut bewältigen kann und welche gar nicht! Nehmen Sie erst einmal nur die Strecken, die für Ihren Angsthasen in Ordnung sind. In ganz schwierigen Fällen macht es durchaus Sinn, den Vierbeiner über Medikamente oder Futterzusatzstoffe zu unterstützen.

- **Ihr Vierbeiner bekommt regelrecht Panik und windet sich aus Geschirr oder Halsband?**
Als erste Managementmaßnahme braucht es ein gut sitzendes Geschirr, aus dem Ihr Hund nicht herauskommt. Dieses kann man sich maßanfertigen lassen. In der Regel hat es zwei Bauchgurte, sodass es sich nicht so leicht über den Kopf stülpen lässt. Bitte verwenden Sie keine Würgehalsbänder! Ihr Vierbeiner kann sich dann zwar auch nicht entziehen, aber zu seiner sowieso schon bestehenden Panik nehmen Sie ihm jetzt auch noch die Luft. Das macht die Sache bestimmt nicht besser. Entstressen Sie unbedingt den Alltag für Ihren Hund! Ansonsten würde ich auch in diesem Fall eher zu einem Profi raten, der die nächsten Schritte mit Ihnen bespricht.

Ursache 5:

ANGST VOR TRENNUNG

Ihr Hund möchte nicht alleine bleiben. Sie haben schon ganz viel trainiert und trotzdem wird es und wird nicht besser? Dann finden Sie hier ein paar neue Ideen!

Arten von Trennungsstress

Sie haben vielleicht bereits viel in Sachen Trennungsangst gelesen und auch schon ausprobiert und trotzdem kommen Sie nicht weiter? Vielleicht bietet Ihnen dieser Ratgeber noch ein paar Neuigkeiten. Ausführliche Beschreibungen über Symptome und erste Schritte finden Sie in dem Buch „Jeder Hund kann ... alleine bleiben". An dieser Stelle wollen wir uns erst einmal über die verschiedenen Arten des Trennungsstresses kümmern.

Übermäßige Bindung

In diesem Fall treten Trennungssymptome nur auf, wenn die Hauptbezugsperson nicht anwesend ist. Andere Familienmitglieder können diesen Stress nicht verhindern. Eine übermäßige Bindung kann von Anfang an bestehen oder sich im Laufe des Hundelebens entwickeln. Ursachen können sein: ein längerer Aufenthalt der Bezugsperson zu Hause, beispielsweise aufgrund von Krankheit oder Urlaub. Symptome können auch auftreten, wenn dem Hund Rückzugsplätze nicht mehr zur Verfügung stehen, wie Schlafzimmer oder Sofa, eben Bereiche, die stark nach der Bezugsperson riechen.

Externe Angstauslöser

Der Klassiker: Ihr Hund ist allein zu Hause und plötzlich beginnt ein Gewitter. Normalerweise würde sich Ihr Vierbeiner jetzt unter dem Sofa verstecken. Nur leider ist die Tür zu und er kann nicht dorthin gelangen. Seit dieser Zeit hat Ihr Hund nun Angst davor, alleine zu bleiben. Liegt diese Form der Angst vor, dann hat Ihr Hund in der Regel auch in Ihrer Anwesenheit Angst vor den Auslösern.

Frustration

Frust tritt eher sekundär auf, wenn die Versuche der Bezugsperson zu folgen scheitern oder wenn eben kein Versteck aufgesucht werden kann. Typisches Symptom ist das Kratzen an Türen und Fenstern. Zeigt der Hund dieses Verhalten, ist es spannend herauszufinden, ob dies wirklich trennungsbedingt ist. Denn auch äußere Reize – ein Auto fährt vorbei, die Katze springt auf das Fensterbrett, der Postbote kommt – können diese Symptomatik auslösen. Tritt das Verhalten

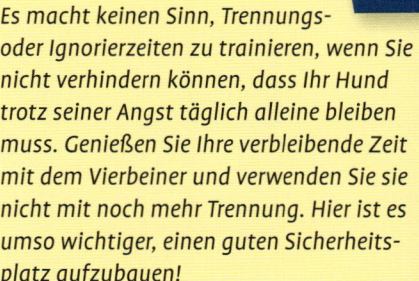

Es macht keinen Sinn, Trennungs- oder Ignorierzeiten zu trainieren, wenn Sie nicht verhindern können, dass Ihr Hund trotz seiner Angst täglich alleine bleiben muss. Genießen Sie Ihre verbleibende Zeit mit dem Vierbeiner und verwenden Sie sie nicht mit noch mehr Trennung. Hier ist es umso wichtiger, einen guten Sicherheits- platz aufzubauen!

auch in Ihrer Anwesenheit auf, ist es gut möglich, dass es sich gar nicht um Trennungsstress handelt.

Sackgasse im Training

Sie haben bisher wirklich versucht, Trennungszeiten langsam aufzubau- en? Ich glaube es Ihnen. Aber vielleicht waren Sie trotz aller Sorgfalt zu schnell mit Ihren Trainingsschritten. Probieren Sie einmal Folgendes: Versuchen Sie Ih- ren Hund für ein paar Minuten einfach links liegen zu lassen. Alle Bemühun- gen, Kontakt zu Ihnen zu bekommen, schlagen fehl. Sie wenden sich ab oder gehen sogar weg. Ihr Vierbeiner hält es nicht aus? Er ist frustriert, macht Din- ge kaputt, jammert oder bellt sogar? Genau das ist die Ursache, warum Sie nicht weiterkommen. Bevor Sie sich entfernen können, müssen Sie erst einmal Ignorierzeiten einführen. Wie das geht, erfahren Sie auf den folgen- den Seiten.

Wann kommt meine „Mama" wohl wieder?

Sichere Umgebung

Sobald eine Bindung zwischen Hund und Halter aufgebaut ist, besteht eine emotionale Abhängigkeit. Fehlt ein Partner, entsteht automatisch Trennungsstress. Um dem Hund die Trennung zu erleichtern, gilt es einiges zu beachten! Denn nicht nur der Sozialpartner wird verknüpft, sondern auch die Örtlichkeit. Bekannte, sichere Örtlichkeiten, die nach dem Besitzer riechen und die mit etwas Nettem verknüpft sind, können dem Hund helfen, die Trennung zu überstehen. Bereits auf den Seiten 14 und 15 haben wir besprochen, wie man einen Sicherheitsplatz aufbaut. Dies wird im praktischen Teil auch noch einmal kurz für die Trennungsangst besprochen. Weiterhin haben wir gelernt, dass Hunde, die zu ihrem Besitzer möchten und dies nicht schaffen, Frust entwickeln. Demnach ist es besonders wichtig, dass Sie Ihrem Schützling eine – gewünschte – Beschäftigung bieten. Und sei es einfach nur den Papiermüll zerschreddern. Mögliche Alternativen: kleine Suchspiele, Kauartikel, Spielzeuge. Es gibt viele Formen, Ihren Hund zu beschäftigen, auch wenn Sie nicht zu Hause sind. Wichtig ist, dass alle diese Varianten nicht ausschließlich in Ihrer Abwesenheit zur Verfügung stehen!

Auch das Zerstören von Gegenständen gehört zu den Symptomen der Trennungsangst.

Flankierende Maßnahmen

Es gibt zahlreiche Wege, wie Sie Ihrem Vierbeiner helfen können. Eine schöne Möglichkeit ist das bereits erwähnte Thundershirt. Das enge Anliegen des Hemdchens gibt Ihrem Liebling zusätzlich Sicherheit. Auch einige Futterzusatzstoffe wie L-Theanin oder Tryptophan können Ihrem Hund helfen. Fragen Sie diesbezüglich Ihren Tierarzt, er wird Sie beraten.

In besonders schweren Fällen können auch Psychopharmaka in Betracht kommen. Ansprechpartner ist in diesem Fall ein Tierarzt für Verhaltenstherapie.

Und wie immer: Entspannung ist eine der wichtigsten Maßnahmen. Hier kommen vor allem Düfte, Objekte und Musik in Betracht. Denn Sie als Entspannungspartner können nur im Aufbau unterstützen! Mehr zu diesem Thema gibt es im Spezial ab Seite 60.

Lösung in Sicht: Aufbau eines Sicherheitsplatzes

1 Ein Sicherheitsplatz sollte für jeden Hund vorbeugend aufgebaut werden. Denn Trennungsproblematiken können in jedem Alter und zu jedem Zeitpunkt auftreten. Nehmen Sie ein kuscheliges Deckchen, das Ihr Hund gerne mag und das Sie auch ganz einfach mitnehmen können. Hat Ihr Vierbeiner keine Geräuschängste, ist eine Schalldämmung wie im ersten Kapitel beschrieben, nicht erforderlich. Es kommt nur auf die Gemütlichkeit an. Ein getragenes T-Shirt hilft vielen Hunden bei späteren Trennungszeiten. Ihr Angsthase darf auf das Sofa oder das Bett? Super, dann bauen Sie ruhig diesen Platz als Sicherheitsbereich auf.

2 In diesem Sicherheitsbereich führen Sie in Zukunft Ihr Entspannungstraining durch. Wie das geht, finden Sie im Spezialteil dieses Buches. Futter und Spiel gibt es in diesem Bereich. Um auch angenehme Erlebnisse ohne Ihre direkte Einwirkung in dieser Zone einzuführen, geben Sie ihrem Hund hier auch einmal Kauknochen oder Schnüffelaufgaben. Eben Dinge, bei denen Ihre Anwesenheit später nicht mehr erforderlich ist. Entspannend wirken außerdem klassische Pianomusik und bestimmte ätherische Düfte. Auch das sind Komponenten, die später ohne Sie funktionieren. Wenn Sie nicht vermeiden können, Ihren Vierbeiner regelmäßig alleine zu lassen, ist diese Arbeit umso wichtiger! Diese Phase ist erst beendet, wenn Ihr Hund immer häufiger diesen Bereich freiwillig aufsucht und beispielsweise Kauknochen immer in dieser Zone verspeist.

1 *Richten Sie Ihrem Hund einen Platz ein, an dem er sich sicher und geborgen fühlt.*

2 *Alles Angenehme gibt es in diesem Bereich.*

Einführen von Ignorierzeiten

1 Bevor wir wirklich wieder Trennungszeiten einführen, steigen wir im Training einen Schritt weiter vorne ein: Wir führen Ignorierzeiten ein. In diesen Zeiten sind wir zwar im selben Raum mit dem Hund, nämlich in seinem Wohlfühlbereich, aber es passiert keinerlei Interaktion mit ihm. Damit dies nicht aus heiterem Himmel kommt, kündigen wir das Ignorieren über ein Signal an. Dazu eignen sich besonders optische Signale, die während der gesamten Ignorierzeit präsent sind. Dies kann zum Beispiel ein bestimmtes Handtuch über der Stuhllehne sein, das für den Hund deutlich erkennbar ist.

2 Nun beginnen Sie Ihren Vierbeiner zu ignorieren. Ignorieren heißt: nicht angucken, nicht anfassen, nicht ansprechen! Jegliche Versuche der Kontaktaufnahme von Seiten des Hundes bleiben erfolglos. Beginnen Sie mit wenigen Minuten. Bevor Sie Ihrem Vierbeiner wieder Beachtung schenken, entfernen Sie das Handtuch. Nun können Sie sich kurz um Ihren Hund kümmern, ihm Beachtung schenken. Diese Ignorierzeiten werden optimalerweise so weit ausgedehnt, wie Ihr Vierbeiner auch später alleine bleiben soll. Wenn möglich, üben Sie auch zu den Zeiten, zu denen er wirklich später alleine zu Hause ist. Müssen Sie tagsüber arbeiten, macht das Training in den Abendstunden keinen Sinn. Müssen Sie wieder zur Arbeit, bevor das Training fertig ist, ist es umso wichtiger, viel Vorarbeit beim Sicherheitsplatz geleistet zu haben.

1 Führen Sie ein „Ignoriersignal" ein, wie hier das Handtuch über dem Stuhl.

2 Nach Beendigung der Ignorierzeit entfernen Sie das Signal und beachten Ihren Hund wieder.

Luftige Barriere

1 Im nächsten Schritt bringen wir das erste Mal eine Barriere zwischen Sie und Ihren Schützling. Gut geeignet sind Kindergitter. Ihr Hund kann Sie noch sehen, aber eben nicht mehr Kontakt aufnehmen. Auch jetzt platzieren Sie wieder das Ignorierhandtuch, verlassen das Zimmer und schließen das Kindergitter. Sie bleiben aber sichtbar in der Nähe. Beginnen Sie wieder mit wenigen Minuten und steigern Sie langsam die Dauer. Auch hier macht es wieder Sinn, die angestrebte Zeitdauer, die er alleine bleiben soll, zu erreichen.

2 Nun ist der Zeitpunkt gekommen, zu dem Sie beginnen, Schlüsselreize abzubauen. Das kann sein: Schuhe oder Jacke anziehen, den Schlüssel nehmen oder die Handtasche packen. Üben Sie einen Schlüsselreiz nach dem anderen. Können Sie die Schuhe anziehen, ohne dass Ihr Vierbeiner seinen Sicherheitsplatz verlässt, dann können Sie mit dem nächsten Schlüsselreiz beginnen. Auch diese Phase ist erst beendet, wenn Sie die angestrebte Trennungszeit erreicht haben.

1 Bringen Sie ein Kindergitter zwischen sich und den Hund.

2 Trainieren Sie Schlüsselreize wie Schuhe anziehen, die sonst Aungst auslösen.

3 Jetzt erst und wirklich jetzt erst gehen wir in Richtung Haustür! Schafft es Ihr Vierbeiner liegen zu bleiben? Dann wiederholen Sie das Procedere ruhig ein paar Mal. Wichtig: Auch nach der Rückkehr bleiben Sie außerhalb des Sicherheitsplatzes und beachten Ihren Hund nicht. Bitte vergessen Sie niemals das Ignoriersignal! Je eindeutiger und konsequenter dieses Hilfsmittel eingesetzt wird, desto einfacher ist es für Ihren Hund!

4 Die bis hierher aufgebaute Trennungszeit wird nicht mehr verkürzt! Das heißt aber nicht, dass Sie gleich mehrere Stunden die Wohnung verlassen können. Kommen Sie nach wenigen Minuten zurück und begeben Sie sich wieder in die Nähe des Trenngitters. Ihr Vierbeiner wird weiterhin ignoriert! Wiederholen Sie das Verlassen der Wohnung ruhig einige Male. Nach und nach können Sie die Zeit ausdehnen. Denken Sie aber daran: Ihr Hund gibt das Trainingstempo vor! Es geht immer nur weiter, wenn er entspannt bleibt. Wichtig: Beachten Sie in Zukunft immer Ihr Ignoriersignal. Alle Familienmitglieder sind eingeweiht und halten sich bitte daran!

3 Nun kommt zum Kindergitter auch die Wohnungstür als Barriere dazu.

4 Verkürzen Sie die Trennungszeit nicht, sondern bleiben Sie außerhalb des Trenngitters.

... und wie man sie vermeidet

1 Auch wenn Sie bald wieder arbeiten müssen: Bleiben Sie beim kleinschrittigen Training! Es macht keinen Sinn, schneller im Training vorzugehen, obwohl Ihr Vierbeiner nervös wird. Lieber erreichen Sie die angestrebte Zeit, die er alleine bleiben soll, nicht, als Fehler im Training einzubauen. Viel wichtiger ist ein wirklich gut aufgebauter Sicherheitsplatz!

2 Ihre Kinder kommen während des Trainings nach Hause und möchten Ihren Hundekumpel begrüßen? Dann denken Sie unbedingt daran, das Ignoriersignal zu entfernen! Auch wenn Sie die Bezugsperson sind, alle Familienmitglieder müssen sich an die Regel halten!

1 *Die Trennungszeiten wurden zu schnell vergrößert, der Hund wird doch wieder nervös.*

2 *Denken Sie dran, die Ignorierzeit konsequent einzuhalten, solange das Handtuch präsent ist.*

Was tun, wenn nichts hilft?

■ **Sie können leider nicht verhindern, Ihren Vierbeiner alleine zu lassen?**

Dann ist es umso wichtiger, eine gut funktionierende Sicherheitszone einzuführen. Checken Sie alle Alternativen ab: Gibt es mögliche Hundesitter oder eine Hundepension, die Ihren Vierbeiner betreuen können? Wenn nicht, lassen Sie ihn erst einmal nicht im Sicherheitsplatz alleine, bis der wirklich gut aufgebaut ist. Eventuell würde Ihrem Angsthasen in diesem Fall eine medikamentöse Unterstützung helfen, um sein Stresslevel möglichst gering zu halten.

■ **Sie müssen Ihren Hund tagsüber alleine lassen und wollen abends noch mit ihm trainieren, am neuen Sicherheitsplatz alleine zu bleiben. Macht das Sinn?**

Ein klares „Nein"! Muten Sie Ihrem Hund nicht noch mehr Trennungszeit zu als er sowieso schon hat! Nutzen Sie lieber die Zeit, um Ihren Vierbeiner in der Sicherheitszone zu massieren oder für gemeinsame Hobbies. Denn ein gut ausgelasteter Hund ist Grundvoraussetzung, um Stress und Frust zu vermeiden.

■ **Trotz des noch so kleinschrittigen Trainings zeigt Ihr vierbeiniger Angsthase immer wieder Rückschritte?**

Bitte lassen Sie ein Blutbild inklusive der Schilddrüsenwerte bei Ihrem Tierarzt machen. Hunde mit Trennungsproblematiken haben immer wieder schlechte Schilddrüsenwerte. In diesem Fall können Sie noch so viel trainieren, es wird nicht besser werden, wenn Ihr Vierbeiner nicht gesund ist.

■ **Die Nachbarn beschweren sich, weil Ihr Vierbeiner bei jeder Kleinigkeit anschlägt?**

Höchstwahrscheinlich handelt es sich gar nicht um Trennungsstress, sondern um eine Barrierefrustration. Gelangt Ihr Vierbeiner an die Haustür oder an große Fenster, wo er viel von seiner Umwelt beobachten kann? Dies gilt es zu vermeiden, sonst hat er keine Chance zur Ruhe zu kommen! Er muss nicht alles sehen können. Platzieren Sie Ihren Sicherheitsplatz dort, wo Ihr Hund nicht sofort durch Außenreize abgelenkt wird. Er soll wirklich eine Chance haben, entspannen zu können.

ENTSPANNUNGSSIGNAL

Sie möchten einen gechillten Hund? Wie Sie der Sache einen Schritt näher kommen können, lernen Sie in diesem Spezialteil.

Entspannung über Berührung

1 Massieren Sie Ihren Hund auf seiner Lieblingsdecke.

2 Packen Sie ein Läppchen mit ätherischem Öl zu Ihrem Hund, wenn Sie ihn massieren.

Ihr Hund wird gerne gestreichelt und Sie haben bereits ein richtiges Kuschelritual? Super, das können wir perfekt für das Training ausnutzen. Aber erst einmal der Reihe nach. Nehmen Sie sich ein Deckchen, das Sie mit einem entspannten Zustand verknüpft haben möchten und packen Sie es auf den Sicherheitsplatz. Hier beginnen wir auch mit der Entspannung. Wenn Ihr Hund in Kuschellaune ist, machen Sie es sich zusammen mit ihm im Ku-

scheleckchen gemütlich. Beginnen Sie mit ganz ruhigen Berührungen, Ihren Vierbeiner zu streicheln. Fangen Sie immer mit der gleichen Stelle an, beispielsweise Brust oder Schulter und arbeiten Sie sich dann über den ganzen Hundekörper.

Ist Ihr Hund draußen sehr erregt, ist es leider meist nicht möglich, ihn zu massieren. Sie können ihm aber die erste Berührungsstelle, beispielsweise die Schulter, anbieten. Vielen Vierbeinern

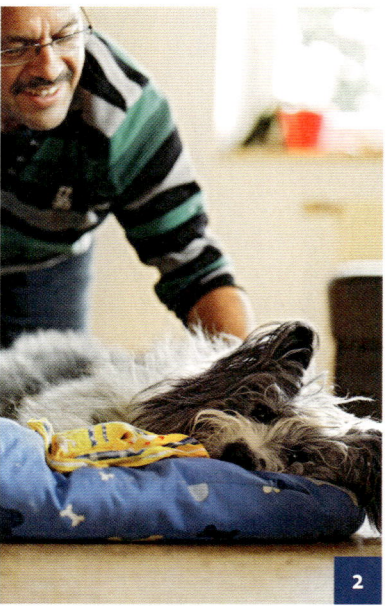

hilft das schon sich herunterzufahren. Kann Ihr Hund sich merklich entspannen? Er liegt und hat den Kopf am Boden oder ist vielleicht schon in Seitenlage? Dann sagen Sie in ruhigem, tiefen Tonfall Ihr Entspannungssignal dazu: „Eeeaaasyyyyy" oder „Ruuuuhhhhheeee". Was auch immer Ihnen einfällt. Wiederholen Sie dieses Wort immer wieder, solange wie Sie Ihren Hund massieren.

Entspannung durch Gerüche

Es gibt einige ätherische Öle, die auf den Hund entspannend wirken: Lavendel, Kamille und Zitrone sind sicherlich die meist eingesetzten Gerüche. Verdünnen Sie für die Hundenase diese Düfte mit einem neutral riechenden Öl, zum Beispiel Mandelöl. Nehmen Sie zehn Tropfen Mandelöl und einen Tropfen des ätherischen Öls. Von dieser Mischung geben Sie einen Tropfen auf ein Tuch, das Sie Ihrem Angsthasen vor dem Schlafen gehen oder vor dem Massieren auf sein Deckchen legen. Bitte achten Sie darauf, dass Ihr Schützling diesen Geruch auch wirklich mag und kein Meideverhalten zeigt. Auch Sie sollten damit leben können. Es macht keinen Sinn, einen Geruch für den Hund zu trainieren, den Sie selbst nicht gut riechen können. Der Vorteil des Geruches ist, dass Sie Ihrem Vierbeiner beispielsweise ein Halstuch mit einem Tropfen Duft umlegen können. Besonders dann, wenn Sie einen spannenden Spaziergang oder andere außergewöhnliche Erlebnisse erwarten. Nun haben Sie drei Bausteine der Entspannung einfach dabei: das Wortsignal, die erste Berührung und den Duft. Jetzt kommt

INFO

Das Entspannungssignal muss wie der Akku eines Handys immer wieder neu aufgeladen werden, sonst funktioniert es nicht mehr zuverlässig. Also: Bitte jeden Tag kuscheln!

die spannende Situation, Ihr Hund ängstigt sich fürchterlich. Sagen Sie ganz ruhig das Wort, wiederholen Sie es ein paar Mal, legen Sie die Hand auf die Schulter und warten Sie die Reaktion Ihres Vierbeiners ab. Er wird sich sicherlich nicht in Seitenlage begeben, aber für ein paar Sekunden wird sich seine Erregungslage drosseln, sodass er wieder ansprechbar ist. Probieren Sie es aus. Sprechen Sie ihn an oder lassen Sie ihn eine einfache Übung ausführen. Klappt das? Super, dann haben Sie beide eine tolle Möglichkeit gefunden, stressige Situationen zu bewältigen!

Sobald Sie und Ihr Hund in stressige Situationen kommen, legen Sie ihm sein Halstuch an.

SERVICE

Sie wollen Ihr Wissen durch Lektüre vertiefen oder sind auf der Suche nach einer guten Hundeschule oder einem Tierarzt für Verhaltenstherapie? Dann werden Sie hier sicher fündig!

Zum Weiterlesen

- Del Amo, Celina; Kothe, Dieter: *Hundeschule. Step by Step zum folgsamen Familienhund.* Verlag Eugen Ulmer, Stuttgart 2007
- Mahnke, Karina: *Grundschule für Hunde. Sitz, Platz, Komm.* Verlag Eugen Ulmer, Stuttgart 2008
- Pryor, Karen: *Positiv bestärken, sanft erziehen. Die verblüffende Methode, nicht nur für Hunde.* Kosmos Verlag, Stuttgart 2006
- Theby, Viviane: *Hundeschule.* Kosmos Verlag, Stuttgart 2002
- Voigt, Katrin: *Jeder Hund kann stubenrein werden.* Verlag Eugen Ulmer, Stuttgart 2013
- Voigt, Katrin: *Jeder Hund kann an lockerer Leine gehen.* Verlag Eugen Ulmer, Stuttgart 2013
- Voigt, Katrin: *Jeder Hund kann freudig zurückkommen.* Verlag Eugen Ulmer, Stuttgart 2013
- Voigt, Katrin: *Jeder Hund kann alleine bleiben.* Verlag Eugen Ulmer, Stuttgart 2013
- Voigt, Katrin: *Jeder Hund kann die Basics lernen.* Verlag Eugen Ulmer, Stuttgart 2014

Zum Weiterlernen

- **Berufsverband der Hundeerzieher und Verhaltensberater (BHV)** *www.hundeschulen.de* Suchen Sie eine gute Hundeschule, sind Sie hier an der richtigen Stelle. Der BHV hat in Kooperation mit der IHK Potsdam den Zertifikatslehrgang Hundeerzieher und Verhaltensberater IHK/BHV ins Leben gerufen. Mitglieder des BHV, die dieses Zertifikat besitzen, arbeiten nach dem neuesten Stand der Forschung und bilden sich regelmäßig fort.

- **Gesellschaft für Tierverhaltenstherapie** *www.gtvmt.de* Auf der Überweisungsliste der Homepage finden Sie Tierärzte, die sich auf Verhaltenstherapie spezialisiert haben und die sich auf diesem Gebiet regelmäßig weiterbilden.

- **Homepage der Autorin** *www.hundezentrum-rhein-main.com* Im Hundezentrum Rhein-Main finden Sie neben der Tierarztpraxis für Verhaltenstherapie auch eine Hundeschule und -pension.

- **Bezugsquellen für Geräusch-CDs und ätherische Öle** *www.tierverhaltenstherapie-shop.de* *www.easy-dogs.net*

Bildnachweis

Alle Fotos im Innenteil und auf dem Umschlag stammen von Silke Klewitz-Seemann.

Dank

An erster Stelle möchte ich mich bei meiner Familie und meinem Partner Rainer Schröder bedanken, die mich bei all meinen Projekten unermüdlich unterstützen. Ein besonderer Dank geht zudem an Dr. Ute Blaschke-Berthold. Durch sie habe ich viel in Sachen Angst, Ausdrucksverhalten und Entspannung lernen dürfen.
Ein großer Dank geht an meine Kunden und die zahlreichen Hunde, die mir im Laufe meines Hundetrainerdaseins über den Weg gelaufen sind. Ohne sie hätte ich bestimmt die eine oder andere Übung nicht ausprobiert. Es gibt immer viele Möglichkeiten, die einen zum Ziel bringen. Mit jedem Hund lernt man immer mindestens eine neue Möglichkeit dazu!
Als letztes danke ich ganz herzlich den Hundemodels Kessy, Chuck, Francis, Sammy, Charlotte und Coffie und ihren Besitzern für die tolle Mitarbeit, die das Gelingen der Fotos erst möglich gemacht hat. Ihr habt viel Zeit und Geduld aufgebracht!

Über die Autorin

Dr. Katrin Voigt ist Tierärztin mit der Zusatzbezeichnung Verhaltenstherapie. Sie leitet das Hundezentrum Rhein-Main mit der dort eingerichteten Hundeschule, einer Hundepension und der hauseigenen Tierarztpraxis für Verhaltenstherapie.
www.hundezentrum-rhein-main.com

Impressum

Die in diesem Buch enthaltenen Empfehlungen und Angaben sind von der Autorin mit größter Sorgfalt zusammengestellt und geprüft worden. Eine Garantie für die Richtigkeit der Angaben kann jedoch nicht gegeben werden. Autorin und Verlag übernehmen keinerlei Haftung für Schäden und Unfälle. Der Leser sollte bei der Anwendung der in diesem Buch enthaltenen Empfehlungen sein persönliches Urteilsvermögen einsetzen.

Hinweis: Der Verlag Eugen Ulmer ist nicht verantwortlich für die Inhalte der im Buch genannten Websites.

Bibliografische Information der Deutschen Nationalbibliothek
Die Deutsche Nationalbibliothek verzeichnet diese Publikation in der Deutschen Nationalbibliografie; detaillierte bibliografische Daten sind im Internet über *http://dnb.d-nb.de* abrufbar.
Das Werk einschließlich aller seiner Teile ist urheberrechtlich geschützt. Jede Verwertung außerhalb der engen Grenzen des Urheberrechtsgesetzes ist ohne Zustimmung des Verlages unzulässig und strafbar. Das gilt insbesondere für Vervielfältigungen, Übersetzungen, Mikroverfilmungen und die Einspeicherung und Verarbeitung in elektronischen Systemen.

© 2014 Eugen Ulmer KG
Wollgrasweg 41, 70599 Stuttgart (Hohenheim)
E-Mail: info@ulmer.de
Internet: www.ulmer.de

Lektorat: Dr. Marion Steinbach, Kathrin Gutmann
Herstellung: Ulla Stammel
Umschlagentwurf und Layout: Sojus Design / Kai Twelbeck, Stuttgart
Reproduktionen: timeRay, Herrenberg
Druck und Bindung: Livonia Print, Riga
Printed in Latvia

ISBN 978-3-8001-8295-4